智慧灌区作物水分信息诊断技术研究

王晓森　著

黄河水利出版社
·郑州·

图书在版编目(CIP)数据

智慧灌区作物水分信息诊断技术研究/王晓森著
. —郑州:黄河水利出版社,2022.11
ISBN 978-7-5509-3420-7

Ⅰ.①智…　Ⅱ.①王…　Ⅲ.①灌区-作物-水分状况
-研究　Ⅳ.①S152.7

中国版本图书馆 CIP 数据核字(2022)第 207826 号

组稿编辑:岳晓娟　电话:0371-66020903　E-mail:2250150882@ qq. com

出　版　社:黄河水利出版社　　　　　　　　　　　网址:www.yrcp.com
　　　　　　地址:河南省郑州市顺河路黄委会综合楼 14 层　邮政编码:450003
发行单位:黄河水利出版社
　　　　　　发行部电话:0371-66026940、66020550、66028024、66022620(传真)
　　　　　　E-mail:hhslcbs@ 126. com
承印单位:河南博之雅印务有限公司
开本:787 mm×1 092 mm　1/16
印张:11
字数:150 千字
版次:2022 年 11 月第 1 版　　　　　　　印次:2022 年 11 月第 1 次印刷
定价:69. 00 元

前　言

　　我国是一个水资源短缺的国家,人均水资源占有量不及世界平均值的1/3,且存在区域、时空分布的不均匀性。在我国每年的水资源消耗总量中农业用水占了近60%,其中绝大部分用于灌溉行业。因此,转变以往的粗放型农业用水观念,提高农业用水效率成为我国农业可持续发展的必由之路。提高农业用水效率既要依靠先进的工程技术措施作为支撑,又要有科学的管理决策方法。现在开展的智慧灌区建设就是科学管理方法的重要构成。

　　智慧灌区是指运用大数据、云端传输和实时响应等手段,实现对灌区生产运行过程中各项信息的采集、整合和分析,针对分析结果做出智能决策,为灌区管理者及用水户提供智能化服务。灌区信息由基础信息、种植信息和用水信息等多项目构成,其中用水信息采集主要用于渠管道输配水实时调控和田间作物水分亏缺诊断及定量表征。因此,田间作物水分亏缺诊断的准确性将为其他环节的科学决策起到指引作用。目前,国内对作物水分状况的诊断虽有多种,但它们或是因专业性太强,对设备有严格的要求,或是因劳动强度过大,难以对作物水分进行实时、有效的监控。相比这些常规方法,应用茎直径微变化诊断作物水分状况具有劳动强度小、操作简单、不破坏被测植株的完整性、可实时监测连续记录作物水分信息等优点。

　　目前,基于茎直径变化诊断作物水分状况的方法已成为国际上的研究热点,但国内相关研究较少,且试材大多以果树为主,对蔬菜及大田作物的研究很少。综上所述,开展大田作物和蔬菜茎直径微变化专项研究,对于深化作物水分变化对其茎直径微变化影响的机制研究,提高基于茎直径变化监测作物水分状况技术的适用性都很有帮助;这对丰富农田灌溉学科基础理论、实现农业用水管理的科学化和信息化也具有非常重要的意义。

　　本项研究以种植区域十分广泛、种植面积非常大的番茄和棉花为主要研究对象,探索了作物茎直径变化规律及其与自身水分状况的对应关系,分析了土壤水分、气象因子对作物茎直径变化的影响,找出了适合用于水分诊断的茎直径变化指标,确定了参考值计算方法,并对茎直径变化传感器布设位置、方法和数量,监测数值株间变异产生的原因等科学问题进行了探索。此外,作者结合自己多年的试验研究,探讨了一些番茄水肥高效利用和棉花不同生育期淹水历时对其产量品质的影响等研究内容,希望这些研究成果能为作物绿色增产增效和防灾减灾提供技术支撑。本书作者基于以上研究成果近 10 年先后以第一作者发表学术论文 10 余篇,其中 SCI/EI 收录 5 篇,获"中国农科院杰出科技创新奖"1 项、"河南省自然科学优秀学术论文二等奖"2 项。本书涉及的研究成果先后得到"十二五"863 课题(编号:2011AA100509)、NSFC-河南人才培养联合基金(编号:U1504530)、中国农科院科技创新工程和中央公益性科研院所科研基本业务费院统筹等项目的资助。研究内容和论文撰写得到孟兆江老师的悉心指导,吕谋超研究员在图书出版过程中提出了建设性建议,秦京涛博士在经费管理等方面提供了相应的支持,在此一并表示衷心的感谢!

　　由于时间仓促,书中难免有疏漏和不当之处,恳请广大读者批评指正。

作　者

2022 年 8 月

目　录

第一章　绪　论

　　我国是一个水资源短缺且时空分布不均的国家,要利用好现有的水资源发展农业生产就必须改变以往的灌溉观念,由传统的丰水高产型灌溉向节水优产型灌溉转变,以提高水分利用效率、降低无效损耗。这就要求灌溉朝着精细、准确的目标发展。现代精准灌溉体系一般包括精确量水、送水、作物旱情预报、需水估算等几部分,其中做好作物水分诊断将为其他几个环节的科学决策起到指引作用。

　　目前,国内对作物水分状况的诊断主要通过直接测定和间接测定两种方法。所谓直接测定法,是指通过测定叶水势、气孔导度、细胞液浓度、组织相对含水量等作物水分生理指标来直接测定作物水分状况;间接测定法则是通过测定土壤含水量、作物冠层温度等外界环境指标来间接判断作物水分状况。但它们是因专业性太强,对设备有严格的要求,或是因劳动强度过大,难以对作物水分进行实时、有效的监控。相比这些常规方法,应用茎直径微变化诊断作物水分状况具有劳动强度小、操作简单、不破坏被测植株的完整性、可实时监测连续记录作物水分状况等优点,对于综合研究环境因子对作物水分状况的影响很有帮助。此外,该方法可与自控技术相结合,实现基于作物本身水分状况的精准灌溉等多目标要求。

　　根据植物生理学理论,植物只有在水分的吸收、运输、损耗三者相协调时才能维持良好的水分平衡关系。当水分供不应求时,植物体内就会失去水分平衡,从而影响其生理指标及渗透势的变化,并最终导致植物器官(茎、叶、果实)体积的微变化。从植物茎秆的构成来讲,水分占很大比例,当植物体内水分充裕时,其直径会维持不变或增大,反之就会缩小,也就是说,植物茎直径微变化与其体内水分变化密切相关。植物茎直径的这种微量变化几乎随时发生,昼夜交替。白天,植物由于根系吸水通常跟不上蒸腾耗水的需要,其茎秆内储藏的水分会参与蒸腾,茎直径会缩小,至下午某时达到一天中的最小值;夜晚,蒸腾作用减弱,植物根系吸水补充至茎秆使其直径复原或增大,至凌晨某时达到一天中的最大值。此外,植物在不同的水分胁迫阶段,茎直径变化的特点是不一样的,这就为利用茎直径变化诊断植物水分状况提供了可能。

　　从目前对基于茎直径变化诊断作物水分状况的研究进展来看,大致分为机制探索、外界环境因素对茎直径变化的影响、参考值计算、诊断指标选取及应用分析五项内容,所使用的监测工具为茎直径变化传感器(linear variable displacement transducer, LVDT)、数据采集器(data logger, DL)(见图 1-1)。茎直径变化传感器通过数据线与数据采集器相连,数据采集器每隔一段时间自动记录由茎直径变化传感器发出的植物茎直径瞬时值,通过笔记本电脑下载数据后可以观测到植物茎直径的连续变化。

(a)茎直径变化传感器　　　　　　　(b)数据采集器

图 1-1　监测工具

通过对数据采集器下载的数值可以计算出相应的茎直径变化

指标,如日最大收缩量(maximum daily shrinkage, MDS)、日生长量(daily growth, DG 或 daily increase, DI)、最小茎直径(minimum stem diameter, MNSD)、最大茎直径(maximum stem diameter, MXSD)等(Fernandez et al. ,2010;Ortuno et al. ,2010)。各指标在茎直径变化过程中所代表的意义如图 1-2 所示,过程为:植物茎直径白天收缩监测数值变小逐渐达到一天中的 MNSD,而夜晚复原监测数值变大至一天中的 MXSD,昼夜往复呈波浪状。其中,MDS 为同一天的MXSD 数值减去 MNSD 数值;而 DI 则为后一天的 MXSD 数值减去前一天的 MXSD 数值。

$$MDS = MXSD - MNSD \qquad (1\text{-}1)$$
$$DI = MXSD_i - MXSD_j \qquad (1\text{-}2)$$

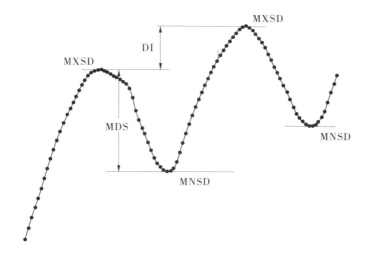

图 1-2　茎直径变化过程中各指标示意图

第一节　植物茎直径微变化内部机制探索

对于植物茎直径微变化内部机制的解释,目前运用最多的是内聚力理论,即当蒸腾速率与吸水速率失去平衡时植株体内游离水分子会被强大的内聚力拉走参与蒸腾,从而引起植物器官体积的改变,如茎秆直径的微量变化(李合生,2004),对此国外专家做过大量研究,而国内相关研究较少。1973 年 Molz 等以棉花为试材做了试验,目的是确定水分胁迫条件下棉株茎秆发生变形的部位及程度,结果显示,大约 92%的茎直径收缩发生在韧皮部及其活的组织,发生在木质部的只有 8%(Molz et al.,1973)。Namken 等通过研究发现,棉花茎直径变化和叶水势变化之间有一个很好的相关性,但茎直径变化落后于叶水势的变化,因为水分亏缺首先表现在蒸发强烈的叶表面上,即叶水势下降 3~4 bar 茎秆才开始收缩,恢复时叶水势要上升 2~3 bar 茎秆才开始膨胀(Namken et al.,1969)。因此,棉花一天中的最小茎直径总是滞后于其最小叶水势 1~2 h 出现(Klepper et al.,1971)。通过测定棉花茎直径变化可以很好地估算出其叶水势变化(So et al.,1979)。孟兆江等通过对温室茄子、辣椒茎直径变化研究发现,茄子、辣椒茎直径变化与其叶水势、叶片相对含水量呈极显著正相关,通过作物茎直径变化指数(CSDCI)可以很好地描述辣椒水分胁迫程度(孟兆江 等,2004,2006)。以上这些文献均显示作物茎直径微变化与其体内水分状况密切相关,通过测定作物茎直径微变化可以获知作物体内水分变化。

第二节　外界环境因素对茎直径变化的影响

对于外界环境因子对作物茎直径变化的影响,国外许多专家也做过相关研究,内容大致包括气象条件变化即蒸腾条件变化对作物茎直径变化的影响、土壤水分变化即作物受水分胁迫程度的不同对作物茎直径变化的影响两方面。Namken 等通过研究发现,当辐射从 0.52 cal/(cm^2 · min)上升至 0.83 cal/(cm^2 · min)时,棉花茎秆开始从膨胀到收缩(Namken et al.,1969)。Klepper 等指出棉花茎直径对辐射的灵敏度比其他作物生理指标更高,如果用水喷洒叶片或用黑布遮阳,茎直径能够立即变大,茎直径变化与辐射存在很好的相关性(Klepper et al.,1971)。孟兆江等通过对不同土壤水分条件下的温室茄子茎直径变化研究发现,茄子茎直径变化与空气饱和差日均值(VPD_m)呈极显著正相关关系,且土壤水分越高茎直径收缩量越小,土壤水分越低茎直径收缩量越大,通过茎直径变化可以很好地反映出茄子植株水分变化(孟兆江 等,2006)。此外,还有其他一些研究成果(见图1-3)显示,蒸腾越强烈或土壤水分越低则作物茎直径日最大收缩量(MDS)越大,反之则越小(Goldhamer et al.,2001;Gallardo et al.,2006;Thompson et al.,2007;Maurits et al.,2014;Urrutia-Jalabert et al.,2015)。

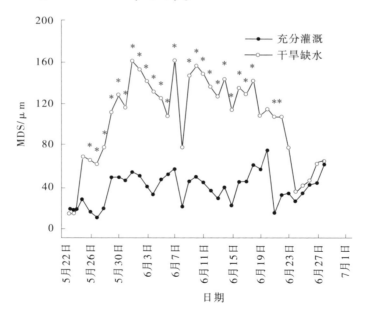

图1-3 充分灌溉和干旱缺水条件下番茄的 MDS(Gallardo et al.,2006)

(注:*代表处理间在 $p<0.05$ 水平下差异显著)

综上所述,作物茎直径变化数值是随着气象条件的变化而变化的,这给该项技术的实际应用带来了困难,即单纯依靠茎直径变化数值无法准确辨别作物水分状况,须引进参考值加以定性、定量分析。

第三节　作物茎直径变化指标参考值的计算

目前文献显示,对于茎直径变化参考值的确定通常是在充分灌溉条件下进行的,以充分灌溉条件下的茎直径变化指标数值与相关气象因子加以回归得到回归方程,用该方程计算得出的数值作为无水分胁迫条件下的作物茎直径变化参考值(Moreno et al. ,2006;Doltra et al. ,2007;Swaef et al. ,2009;Conejero et al. ,2010;Cuevasa et al. ,2010;Ashraf et al. ,2013)。雷水玲等通过对充分灌溉条件下的温室番茄、黄瓜的 MDS 与总辐射通量密度和空气饱和差日均值(VPD_m)相关性分析发现,MDS 与 VPD_m 达极显著相关,而与总辐射通量密度的相关性不显著,并且 MDS 和 VPD_m 的比值(MDS/VPD_m)与基质含水量呈极显著正相关,可以作为启动温室灌溉的参考指标(雷水玲 等,2005)。Ortuno 发现充分灌溉条件下柠檬树的 MDS 与参考作物腾发量(ET_0)、空气饱和差日均值(VPD_m)和日均气温(T_m)相关性较好,其中与 T_m 的相关性最好(Ortuno et al. ,2006,2009)。Egea 和 Conejero 对充分灌溉条件下几种果树研究发现,MDS 与 VPD_m 相关性最好,通过 VPD_m 回归计算出的 MDS 的数值可以作为指导灌溉时的参考值(Egea et al. ,2009;Conejero et al. ,2011)。张平等通过对充分灌溉条件下桃树的 MDS 与诸气象因子的通径分析得出,辐射(R)和正午气温(T_{md})对 MDS 的直接作用最大,基于此研究结果建立了 MDS 与 R 和 T_{md} 的回归方程,此方程的计算值可以作为指导桃树灌溉的参考值应用(张平 等,2010;李晓彬 等,2011)。

通过以上文献分析可以看出,不同试验条件下对植物茎直径变化起主导作用的气象因子是不同的,因为上述试验既有室内试验也有室外试验,同时还有试验所处季节、地域方面的差异。对此,Pérez-Lópeza 曾指出不同地域的橄榄树的 MDS 参考值是不同的(Pérez-Lópeza et al.,2013)。此外,有专家指出应建立非充分灌溉条件下作物茎直径变化指标计算公式,通过输入实测茎直径变化数值与气象因子数据可以直接计算土壤含水量来指导灌溉。

第四节　基于茎直径变化诊断作物水分 状况的指标选取

利用茎直径微变化诊断作物水分状况面临的另一个亟待解决的问题是指标选取,因为作物在不同的生育阶段,对其体内水分状况敏感的茎直径变化指标是不一样的。

目前,评价某个茎直径变化指标是否适合用于水分诊断主要从该指标与其他作物水分指标[如叶水势(ψ_L)、茎水势(ψ_{stem})的变异性(C_v)、信号强度(SI = 处理值/参考值)、灵敏度(SS = SI/C_v)]的比较中来进行。其中,SI 主要根据水分胁迫条件下数值(处理值)与充分灌溉条件下数值(参考值)的比值来计算。一个适合用于指导灌溉的作物水分监测指标要满足较小的变异(C_v)、较强的信号强度(SI)与灵敏度(SS)的要求,使其能够灵敏地探知作物水分亏缺程度,稳定地反映作物水分状况,这一点可以从 Fernandez 和 Ortuno 写的关于茎直径变化法监测植物水分状况的研究进展中看到(Fernandez et al.,2010;Ortuno et al.,2010)。张寄阳等通过对不同生育期棉花茎直径变化研究发现,在棉花茎秆快速生长期 DG 对棉株水分状况较为敏感,应作为棉花水分诊断指标,而在棉花茎秆缓慢生长期则应选 MDS 作为棉花水分诊断指标(张寄阳 等,2005,2006)。Moriana 通过对橄榄树茎直径变化研究发现,橄榄树水分胁迫条件下的 DG

指标与无水分胁迫条件下的 DG 指标的差值可以很好地反映其体内水分变化(Moriana et al. ,2010)。张琳琳等对梨枣树耗水规律与其茎直径变化进行了相关分析,发现 MDS 能够很好地表征低水分处理的梨枣树耗水规律(张琳琳 等,2013)。Intrigliolo 等概括性指出植物茎直径变化指标与其他作物水分诊断指标相比具有较早的探知作物水分亏缺的能力和较强的 SI 及 SS 表达能力,可以很好地反映作物水分亏缺程度且与参考作物蒸发量(ET_0)有很好的相关性(见图 1-4),但 C_v 值较大,而考虑到该方法可以实现作物水分的实时自动监测这一独有的优点,该方法还是具有很高的生产应用价值的(Intrigliolo et al. ,2011)。

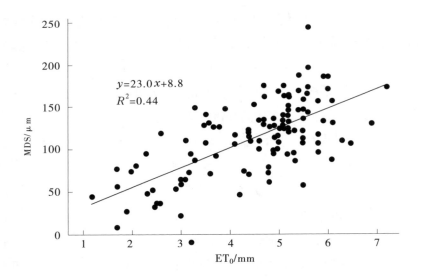

图 1-4　石榴树的 MDS 与参考作物蒸发量(ET_0)的关系(Intrigliolo et al. ,2011)

目前,对引起植物茎直径变化数值变异性(C_v)的研究很少,Silber 等曾刊文指出果实荷载量会对植物茎直径变化数值产生影响(Moriana et al. ,2011;Silber et al. ,2013)。事实上本书作者通过多年对该项技术的探索研究发现,不同茎粗、不同植株荷载(叶片数、果实数),以及茎直径变化传感器不同安装位置(茎秆基部、中部、上部)会对监测结果、指标灵敏度有影响,这些工作还有待进一步细化,应该找出最适合安装茎直径变化传感器的位置以减小变异,从而减少茎直径变化传感器安装数量,提高监测结果的代表性。

第五节　应用分析

针对已选好的植物茎直径变化诊断指标,目前也有将其成功运用到灌溉指导的报道。Goldhamer 等以柠檬树为试验材料,对 MDS 的 SI 值设置 2 个灌水水平即 1.75 和 2.75(见图 1-5),当 SI 值连续 3 d 大于设置水平时增加灌溉量10%,反之则减少灌溉量10%,通过处理与对照之间茎水势、灌水量、产量、品质多方面的分析比较得出,

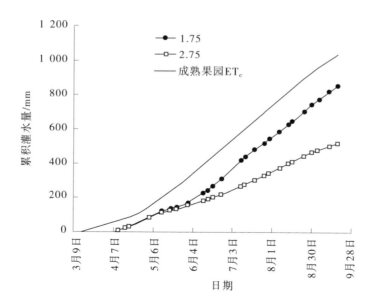

图 1-5　不同 SI 处理柠檬树灌水量对比(Goldhamer et al.,2004)

仅通过 MDS 的 SI 值就可以建立一种指导灌溉的方法,并且可以根据需要的水分控制模式而改变,还可以实现自动化管理(Goldhamer et al.,2004)。Ortuno 等发现仅通过 MDS 的 SI 值即可指导柠檬树的灌溉,所得的柠檬无论是从产量还是从品质上与充分灌溉条件下的柠檬无异,所用水量仅比经过彭曼-蒙特斯公式计算的 ET_c 的总水量增加了 9%,并且可以避免深层渗漏提高水分利用效率(Ortuno et al.,2009)。Sato 等则利用茎直径变化指标对甜瓜进行了自动灌溉,发现自动灌溉的甜瓜与人工灌溉的甜瓜相比,无论是在产量上还是品质上均无差异,显出了良好的应用前景(Sato et al.,1995)。

参 考 文 献

[1] 康绍忠,张建华,梁宗锁,等.控制性交替灌溉———一种新的农田节水调控思路[J].干旱地区农业研究,1997,15(1):1-6.

[2] 李合生.现代植物生理学[M].北京:高等教育出版社,2002.

[3] 李晓彬,汪有科,张平.充分灌溉下梨枣树茎直径动态变化及 MDS 影响因子的通径分析[J].农业工程学报,2011,27(4):88-93.

[4] 李绍华,HUGUER J G.植物器官体积微变化与果树自动灌溉[J].果树科学,1993,10(S1):15-19.

[5] 雷水玲,孙忠富,雷廷武.温室内作物茎秆直径变化对基质含水率的响应[J].农业工程学报,2005,21(7):116-119.

[6] 孟兆江,段爱旺,刘祖贵,等.根据植株茎直径变化诊断作物水分状况研究进展[J].农业工程学报,2005(2):30-33.

[7] 孟兆江,段爱旺,刘祖贵,等.温室茄子茎直径微变化与作物水分状况的关系[J].生态学报,2006,26(8):2516-2522.

[8] 孟兆江,段爱旺,刘祖贵,等.辣椒植株茎直径微变化与作物体内水分状况的关系[J].中国农村水利水电,2004(2):28-30.

[9] 王晓森,孟兆江,段爱旺,等.基于茎直径变化监测番茄水分状况的机理与方法[J].农业工程学报,2010,26(12):107-113.

[10] 王晓森,刘祖贵,刘浩,等.番茄茎直径 MDS 的通径分析与数值模拟[J].

农业机械学报,2012,43(8):187-192.

[11] 王晓森,孟兆江,段爱旺,等.充分灌溉和干旱胁迫对棉花茎直径变化的影响[J].灌溉排水学报,2009, 28 (5):75-78.

[12] 王晓森,孟兆江,段爱旺,等.温室茄子不同生育期茎直径变化特征及其与气象因子的关系[J].干旱地区农业研究,2010,28 (4):106-111.

[13] 余克顺,李绍华,孟昭清,等.水分胁迫条件下几种果树茎干直径微变化规律的研究[J].果树科学,1999,16(2): 86-91.

[14] 王忠.植物生理学[M].北京:中国农业出版社,2000.

[15] 张平,汪有科,湛景武,等.充分灌溉条件下桃树茎直径最大日收缩量模拟[J].农业工程学报,2010,26(3):38-43.

[16] 张寄阳,段爱旺,孟兆江,等.不同水分状况下棉花茎直径变化规律研究[J].农业工程学报,2005(5):7-11.

[17] 张寄阳,段爱旺,孟兆江,等.基于茎直径微变化的棉花适宜灌溉指标初步研究[J].农业工程学报,2006(12):86-89.

[18] 张琳琳,汪有科,韩立新,等.梨枣花果期耗水规律及其与茎直径变化的相关分析[J].生态学报,2013,33(3):907-915.

[19] ASHRAF A, XAVIER A, ROBERT S,et al. Evaluation of the response of maximum daily shrinkage in young cherry trees submitted to water stress cycles in a greenhouse[J]. Agricultural Water Management,2013, 118:150-158.

[20] CUEVASA M V, TORRES-RUIZA J M, ÁLVAREZB R, et al. Assessment of trunk diameter variation derived indices as water stress indicators in mature olive trees [J]. Agricultural Water Management, 2010, 97:1293-1307.

[21] CONEJERO W,ORTUNO M F,MELLISHO C D,et al. Influence of crop load on maximum daily trunk shrinkage reference equations for irrigation scheduling of early maturing peach trees[J]. Agricultural Water Management,2010,97:333-338.

[22] CONEJERO W, MELLISHO C D, ORTUNO M F,et al. Establishing maximum

daily trunk shrinkage and midday stem water potential reference equations for irrigation scheduling of early maturing peach trees[J]. Irrig. Sci. ,2011,29: 299-309.

[23] DOLTRA J, ONCINS J A, BONANY J, et al. Evaluation of plant-based water status indicators in mature apple trees under field conditions[J]. Irrig. Sci. ,2007,25:351-359.

[24] EGEA G, PAGAN E, BAILLE A, et al. Usefulness of establishing trunk diameter based reference lines for irrigation scheduling in almond trees[J]. Irrig. Sci. ,2009,27:431-441.

[25] FERNANDEZ J E, CUEVAS M V. Irrigation scheduling from stem diameter variations: Areview[J]. Agricultural and Forest Meteorology, 2010, 150: 135-151.

[26] GALLARDO M, THOMPSON R B, VALDEZ L C. Use of stem diameter variations to detect plant water stress in tomato[J]. Irrigation Science, 2006,24:241-255.

[27] GOLDHAMER D A, FERERES E. Irrigation scheduling of almond trees with trunk diameter sensors[J]. Irrig. Sci. ,2004,23: 11-19.

[28] GOLDHAMER D A, FERERES E. Irrigation scheduling protocols using continuously recorded trunk diameter measurements[J]. Irrig. Sci. , 2001, 20:115-125.

[29] INTRIGLIOLO D S, PUERTOB H, BONETC L, et al. Usefulness of trunk diameter variations as continuous water stress indicators of pomegranate (Punica granatum) trees[J]. Agricultural Water Management, 2011, 98: 1462-1468.

[30] KLEPPER B, DOUGLAS B V, TAYLOR H M. Stem Diameter in Relation to Plant Water Status. Plant Physiol[J],1971,48:683-685.

[31] KRAMER P J. Water stress and plant growth[J]. Agron. J. , 1983,55: 31-35.

[32] MOLZ F J, KLEPPER B. On the mechanism of water-stress-induced stem

deformation[J]. Agronomy Journal, 1973,65:304-306.

[33] MORENO F, CONEJERO W, MARTIN-PALOMO M J, et al. Maximum daily trunk shrinkage reference values for irrigation scheduling in olive trees [J]. Agricultural Water Management,2006, 84(3): 290-294.

[34] MORIAN A A, GIRÓN I F,MARTÍN-PALOMO M J,et al. New approach for olive trees irrigation scheduling using trunk diameter sensors[J]. Agricultural Water Management, 2010, 97: 1822-1828.

[35] MORIANA A,MORENO F,GIRON I F,et al. Seasonal changes of maximum daily shrinkage reference equations for irrigation scheduling in olive trees: Influence of fruit load[J]. Agricultural Water Management, 2011, 99:121-127.

[36] MAURITS W V, ADRIEN G, MICHIEL H, et al. Long-term versus daily stem diameter variation in co-occurring mangrove species: Environmental versus ecophysiological drivers [J]. Agricultural and Forest Meteorology, 2014, 192-193:51-58.

[37] NAMKEN L N,BARTHOLIC J F, RUNKLES J R. Monitoring cotton plant stem radius as indication of water stress[J]. Agronomy Journal,1969,61: 891-893.

[38] ORTUNO M F,GARCÍA-ORELLANA Y,CONEJERO W, et al. Relationships between climatic variables and sap flow, stem water potential and maximum daily trunk shrinkage in lemon trees[J]. Plant and Soil,2006,279: 229-242.

[39] ORTUNO M F, BRITO J J,CONEJERO W,et al. Using continuously recorded trunk diameter fluctuations for estimating water requirements of lemon trees[J]. Irrig. Sci. ,2009,27:271-276.

[40] ORTUNO M F,BRITO J J, GARCÍA-ORELLANA Y, et al. Maximum daily trunk shrinkage and stem water potential reference equations for irrigation scheduling of lemon trees[J]. Irrig. Sci. ,2009,27:121-127.

[41] ORTUNO M F, GARCÍA-ORELLANA Y, CONEJERO W, et al. Relation-

ships between climatic variables and sap flow, stem water potential and maximum daily trunk shrinkage in lemon trees[J]. Plant and Soil, 2006, 279: 229-242.

[42] ORTUNO M F, CONEJERO W, MORENO F, et al. Could trunk diameter sensors be used in woody crops for irrigation scheduling? A review of current knowledge and future perspectives [J]. Agricultural Water Management, 2010, 97: 1-11.

[43] PÉREZ-LÓPEZA D, PÉREZ-RODRÍGUEZC J M, Morenod M M, et al. Influence of different cultivars-locations on maximum daily shrinkage indicators: Limits to the reference baseline approach[J]. Agricultural Water Management, 2013, 127: 31-39.

[44] SATO N, HASEGAWA K. A computer controlled irrigation system for muskmelon using stem diameter sensor[J]. Greenhouse Environment Control and Automation, 1995(2):399-405.

[45] SILBER A, NAOR A, ISRAELI Y, et al. Combined effect of irrigation regime and fruit load on the patterns of trunk-diameter variation of 'Hass' avocado at different phonological periods[J]. Agricultural Water Management, 2013, 129:87-94.

[46] SO H B. An analysis of the relationship between stem diameter and leaf water potentials[J]. Agronomy Journal, 1979, 71:675-679.

[47] SO H B, REICOSKY D C, TAYLOR H M. Utility of stem diameter changes as predictors of plant canopy water potential[J]. Agronomy Journal, 1979, 71:707-713.

[48] SWAEF T D, STEPPE K, LEMEUR R. Determining reference values for stem water potential and maximum daily trunk shrinkage in young apple trees based on plant responses to water deficit[J]. Agricultural Water Management, 2009, 96:541-550.

[49] THOMPSON R B, GALLARDO M, VALDEZ L C, et al. Using plant water status to define threshold values for irrigation management of vegetable crops

［J］. Agricultural Water Management,2007,88:147-158.

［50］ URRUTIA-JALABERT R,ROSSI S,DESLAURIERS A,et al. Environmental correlates of stem radius change in the endangered Fitzroya cupressoides forests of southern Chile［J］. Agricultural and Forest Meteorology, 2015, 200:209-221.

第二章　番茄茎直径变化与其
水分生理指标的关系

　　通过第一章中的文献综述研究发现,作物茎直径变化和叶水势变化之间有很好的相关性,但茎直径变化落后于叶水势的变化,通过测定作物茎直径变化可以很好地估算出其叶水势变化。为证实作物茎直径变化指标与其水分生理指标的这种密切关系,分别于番茄生育中后期在测定其茎直径变化指标的同时进行了一些相关生理指标如蒸腾速率、光合速率、气孔导度、茎液流、叶水势和叶片含水量等的测定,并通过番茄茎直径变化与这些生理指标变化的相关分析得出了一些研究成果。

第一节　材料与方法介绍

一、试验材料

　　日光温室试验在中国农业科学院农田灌溉研究所作物需水量试验场的日光温室中进行,试验地位于 35°19′N,113°53′E,海拔 73.2 m,多年平均气温 14.1 ℃,无霜期 210 d,日照时数 2 398.8 h。试验所用温室长 40 m、宽 8.5 m,东西走向,坐北朝南,覆盖无滴聚乙烯薄膜。试验地土质为沙壤土,耕层土壤密度为 1.38 g/cm³,田间持水量(field water capacity,FC)为 24%(质量含水量),地下水埋深大于 5 m。日光温室试验以番茄为试材,于 3 月中旬移栽,品种为金顶一号,移栽前施干鸡粪、三元复合肥、尿素作为底肥,移栽后立即灌活苗水,灌水至田间持水量。

二、试验方法

试验以桶栽和小区试验相结合,桶栽试验采用桶栽土培法(见图2-1),装土前在桶的底部铺有细砂,目的在于调节桶中土壤的通气状况;在桶的两侧预置直径为 5 cm 的 PP 管(聚丙烯管),长度略高于桶深,在管的下方周围打有小孔,并用纱窗布包裹,灌水时水从 PP 管管口灌入并通过小孔渗入桶内,可使灌水均匀,并防止土壤表面水分过量蒸发和土壤板结。在番茄的不同生长发育阶段进行土壤水分处理,土壤水分控制下限一般取田间持水量的80%、70%、60%和50%。桶栽土壤水分的控制采用整桶称重法,依靠实际桶重与设置土壤水分下限的桶重的差异进行灌水,灌水时用量杯量水以确保灌水量的精确性。与温室番茄桶栽试验同时进行的还有大田小区试验。试验用小区宽1m,每小区种植2行,为方便观测记录及防止土壤水分侧渗,特在小区间留有间距,试验处理个数与桶栽试验相同,共设4个,灌水下限分别为田间持水量的80%、70%、60%和

图 2-1　番茄桶栽试验

50%。土壤水分控制采用取土烘干法为主并辅以时域反射仪（TDR）。供水方式为滴灌，水表计量，计划湿润层为 40 cm。

三、测定项目与方法

（1）茎直径变化测定：用 DD 型直径生长测量仪定点定株连续监测茎直径变化。

（2）日最大收缩量（MDS）：MDS 计算方法如式（1-1）所示，MDS 的计算为同一天的最大茎直径（MXSD）减去最小茎直径（MNSD）。

（3）日生长量（DI）：DI 计算方法如式（1-2）所示，DI 为后一天的 $MXSD_j$ 数值减去前一天的 $MXSD_i$ 数值。

（4）土壤含水量：对于桶栽采用称重法；而对于小区采用取土烘干法、TDR 测定土壤含水量变化。

（5）光合速率、蒸腾速率和气孔导度：选植株最上部的完全叶采用 CIRAS-1 便携式光合作用测定系统测定，分别在番茄花果期和盛果期各测定 1 次。

（6）叶水势：选植株最上部的完全叶采用 HR33-T 露点水势仪测定，从 06:00 开始每隔 2 h 测定 1 次，直至 18:00。

（7）叶片相对含水量：采用烘干称重法测量，从 06:00 开始每隔 2 h 测定 1 次，直至 18:00。

（8）茎液流：采用英国 Dynamax 公司开发的 Flow32 茎流计，安装在作物茎秆处。

（9）气象因子观测：空气温度、湿度、作物冠层温度、太阳辐射等指标，由温室内自动气象站获得。

（10）空气饱和差（VPD）：VPD 由修正的彭曼公式计算获得，具体计算公式如下：

$$e_a = 0.610\ 8\exp\left[17.27T/(T+273.3)\right] \quad (2\text{-}1)$$

$$VPD = (1 - RH/100)e_a \quad (2\text{-}2)$$

式中　e_a——饱和水汽压,kPa;

　　　RH——空气相对湿度,%;

　　　T——气温,℃。

第二节　番茄茎直径变化特点

一、番茄不同土壤水分条件下的茎直径日变化过程

番茄不同土壤水分条件下的茎直径日变化过程如图 2-2 所示。番茄茎直径收缩一般开始于 06:00,此时的茎直径数值为一天中的最大值(MXSD),而后在蒸腾拉力的作用下茎秆失去水分开始收缩,直至 15:00~16:00 得到一天中茎直径最小值(MNSD)。低土壤水分处理茎直径收缩开始的时间比高土壤水分处理的要早、收缩幅度要大,而恢复的时间比高土壤水分处理的要晚,不同土壤水分处理间番茄茎直径收缩的梯度效应明显。

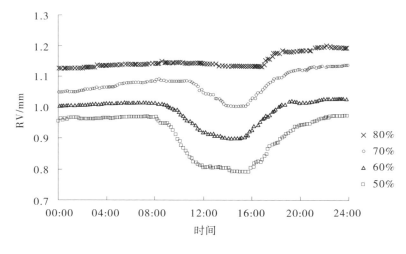

图 2-2　番茄不同土壤水分条件下的茎直径日变化过程

二、番茄苗期不同土壤水分条件下的茎直径相对变化量(RV)

茎直径相对变化量(RV)为 DD 型茎直径变化传感器所直接测得的数值,是相对于探头安装那一刻茎直径的变化值,为了方便比较,一般将初始值设定为 1。番茄苗期茎变化特点以营养生长为主,株高变高、茎直径变粗,所以其 RV 曲线总体趋势为曲折向上,且比较一致,如图 2-3 所示。但不同的土壤水分处理能够对番茄茎粗长势造成不同的影响,高土壤水分的番茄茎秆长势比低土壤水分的长势好,同一时刻其 RV 曲线切线的斜率要大于低土壤水分 RV 曲线切线的斜率。

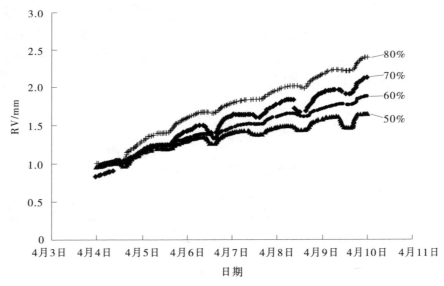

图 2-3　番茄苗期不同土壤水分条件下的 RV 曲线

三、番茄茎直径日最大收缩量 MDS 和日生长量 DI

茎直径日最大收缩量 MDS 是反映茎秆一天中总的收缩幅度的一个指标,实质是蒸腾耗水对作物本身造成的水分胁迫严重程度。

茎直径日生长量 DI 是反映作物茎秆一天中生长幅度的一个指标,它不仅与作物水分状况有关,还与养分等诸多因素相关,但严重的水分胁迫可导致植物茎直径增长的停滞。图 2-4 展示的是不同土壤水分处理 MDS 和 DI 的变化。从图 2-4 中可以看出,各土壤水分处理的 MDS 和 DI 数值不是恒定的,它随着蒸发条件的改变而变化。

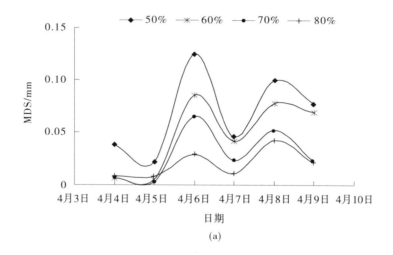

(a)

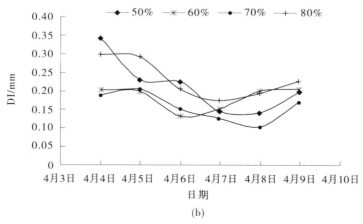

(b)

图 2-4　不同土壤水分条件下的 MDS 和 DI

MDS 数值于 4 月 5 日多云天气时较小,而 4 月 6 日晴好天气时较大。不同土壤水分处理的 MDS 有着相似的变化趋势,且土壤水分越高,MDS 数值越小;土壤水分越低,MDS 数值越大。DI 数值和MDS 数值有相反的变化趋势,土壤水分越高,DI 值越大;土壤水分越低,DI 值越小。指标 MDS 和 DI 相结合能够很好地看出番茄根区土壤供水水平的差异。

第三节　番茄茎直径变化与叶水势、叶片相对含水量的关系

作物根系从土壤中吸取水分,然后通过茎秆到达叶片,最后在蒸腾的作用下散失到大气中,整个过程都与水势梯度有关。当作物体内水分下降时,必然会引起其内部水势的下降,而叶水势是公认的最能反映作物体内水分变化的一个指标,它与番茄茎直径变化究竟存在怎样的关系呢? 鉴于此,作者于花果期进行了一次番茄叶水势日变化的测定,时间是 06:00 ~ 18:00,每隔 2 h 测定一次,与其同时进行的还有茎直径微变化和叶片相对含水量的测定。

一、番茄茎直径变化指标与叶水势的关系

叶水势 (ψ_L) 和茎直径 RV 日变化测定结果如图 2-5 所示,茎直径收缩开始的时间为 07:00 以后,于 14:30 左右达到一天中茎直径最小值,之后开始逐渐恢复;而叶水势于 06:00 开始下降,于 13:00 左右达到一天中最小值,这与一天中辐射的峰值时间基本相同,随后逐渐变大。对比二者的日变化曲线可以发现,叶水势日变化曲线与茎直径日变化曲线非常相似,都经历了一个逐渐变小而后恢复的过程,但番茄叶水势日变化要比其茎直径日变化提前 1 ~ 1.5 h,即茎直径微变化反映作物体内水分状况有一定的滞后性,这与水分在

作物体内运输需要一定的时间有关,与国外研究者在棉花上取得的结果类似(Namken et al.,1969;So,1979)。把它们的数值进行回归

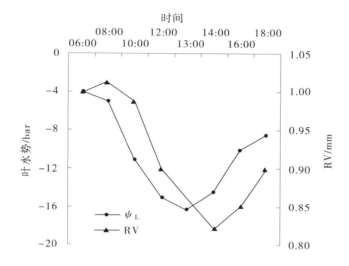

图 2-5　叶水势和茎直径 RV 日变化

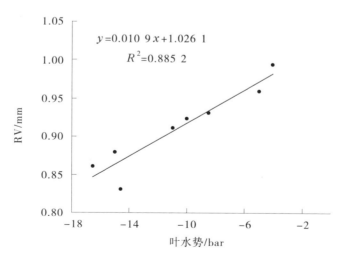

图 2-6　茎直径 RV 与叶水势的关系

分析,发现二者呈现出很好的相关性,如图 2-6 所示,决定系数达到 0.885 2,这说明用茎直径微变化反映番茄体内水分变化是完全可行的。

二、番茄茎直径变化指标与叶片相对含水量的关系

番茄茎直径变化指标 RV 和叶片相对含水量(LRWC)的关系与 RV 和叶水势的关系基本类似,所测得 LRWC 的变化趋势和叶水势的变化趋势几乎同步,这也说明叶水势反映叶片含水量变化的准确性。茎直径变化同样落后于 LRWC 的变化 1~1.5 h,全天 LRWC 数值变化范围在 78%~92%,结果如图 2-7 所示。如果把所测茎直径变化指标 RV 和 LRWC 做回归分析,则发现二者同样存在很好的正相关性,决定系数达到 0.878 6,再次证明了应用茎直径变化监测作物体内水分状况变化的可靠性,如图 2-8 所示。

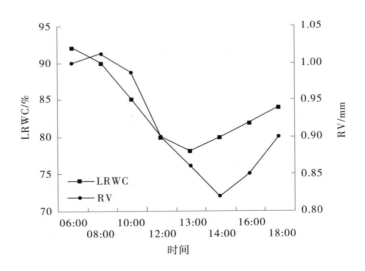

图 2-7　叶片相对含水量和茎直径 RV 日变化

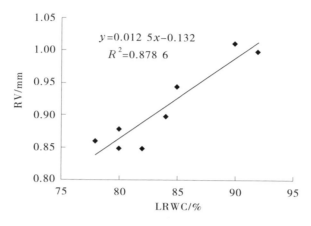

图2-8　茎直径 RV 与叶片相对含水量的关系

第四节　番茄茎直径变化与光合速率、蒸腾速率及气孔导度的关系

一、番茄花果期和盛果期蒸腾速率日变化

如图 2-9(a) 所示,番茄花果期蒸腾速率(E) 最大值出现在 14:00 左右,在时间上要晚于辐射的最大值 1 h,并且土壤含水量越高,蒸腾速率的峰值越大,其日均蒸腾速率由大到小的排列顺序为 80%、70%、60%、50%。

如图 2-9(b) 所示,对于番茄盛果期蒸腾速率 50%、60%、70% 土壤水分处理的最大值出现在 10:00 左右,80% 土壤水分处理的最大值出现在 12:00 左右,所有处理的蒸腾速率峰值比 5 月 4 日花果期测定的结果提前了。但就一天蒸腾速率的均值来讲,土壤水分处理越高的蒸腾速率越大,土壤水分处理越低的蒸腾速率越小,这又与花果期的测定结果相同,其日均蒸腾速率由大到小的顺序为 80%、70%、60%、50%。形成不同生育期蒸腾速率峰值出现时间不同的原

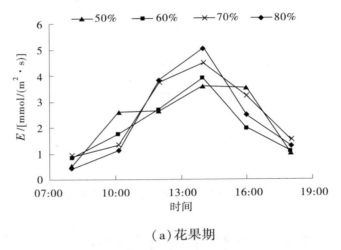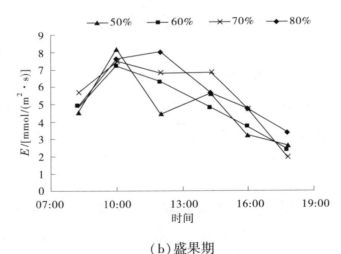

因主要是气象条件的不同以及由此导致的蒸腾强度、气孔调节的差异。

（a）花果期

（b）盛果期

图 2-9 番茄花果期、盛果期蒸腾速率日变化

番茄花果期一天中的最小茎直径（MNSD）一般出现在 15:00~16:00，这样就比同时期蒸腾速率的峰值落后 1~2 h；而番茄盛果期蒸腾速率的峰值出现在 10:00~12:00，同时期番茄 MNSD 出现在

16:00 以后,落后于蒸腾速率的峰值达 5 ~ 6 h。这说明温室番茄盛果期蒸腾强度比花果期强烈,而根系吸水和蒸腾耗水达到平衡较花果期更难,所以番茄盛果期茎秆 MNSD 出现的时间较花果期茎秆 MNSD 出现的时间后移。

二、番茄花果期和盛果期光合速率日变化

如图 2-10(a)所示,番茄花果期光合速率峰值出现在 10:00 ~ 11:00,而土壤水分 70% 和 80% 的处理则是在 12:00 达到峰值,其日均光合速率从大到小的排列顺序为 70%、80%、60%、50%。随着蒸腾作用的增大,番茄叶片内水分开始亏缺,水分亏缺使其光合产物输出速率变慢,光合产物在叶片中积累对其产生反馈抑制作用,光合速率开始降低。在接下来的时段里,所有处理的光合速率在外部环境和内部生理改变的综合作用下降了下来。

如图 2-10(b)所示,番茄盛果期光合速率 80% 土壤水分处理的植株均出现了双峰值现象,即分别于 10:00 和 14:30 出现了峰值,即产生了"光合午休"现象,形成这种结果的原因主要是叶片内水分亏缺引起的气孔调节作用。另外,70% 土壤水分处理的峰值出现在 12:00 左右,60% 和 50% 土壤水分处理的峰值出现在 10:00 左右,即光合速率峰值出现的时间有随土壤水分的降低而提前的趋势,这点在花果期也有所体现。番茄盛果期日均光合速率由大到小的排序同样为 70%、80%、60%、50%。

三、番茄花果期和盛果期气孔导度日变化

如图 2-11(a)所示,番茄花果期气孔导度(Con)的最大值出现在 12:00 左右,日变化曲线经历了一个先上升后下降的过程;而 60% 土壤水分处理的最大值出现在 10:00 左右,而后随着蒸腾作用的增强叶片内水分出现亏缺,气孔开始关闭,气孔调节开始,气孔导度开始下降,不同水分处理的日均气孔导度由大到小顺序为 80%、

70%、60%、50%。

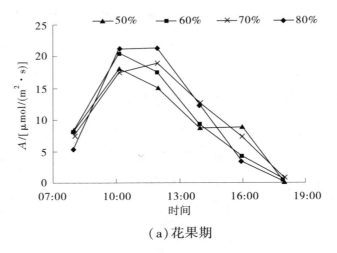

（a）花果期

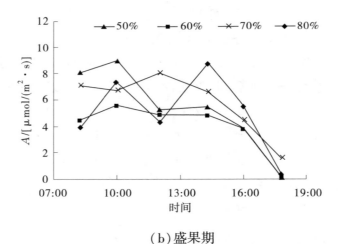

（b）盛果期

图 2-10　番茄花果期、盛果期光合速率日变化

　　如图 2-11（b）所示,对于番茄盛果期气孔导度,80%、60%、50%
土壤水分处理的峰值出现在 8:00,而 70% 土壤水分处理的峰值出现
在 10:00,而后随着蒸腾作用的加强逐渐降低,这与花果期气孔导度
峰值出现在 12:00 的情况是不同的。不同土壤水分处理的日均气

孔导度由大到小的顺序为 80%、70%、60%、50%,此顺序与番茄花果期气孔导度均值排序相同。

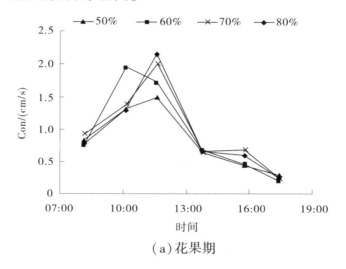

（a）花果期

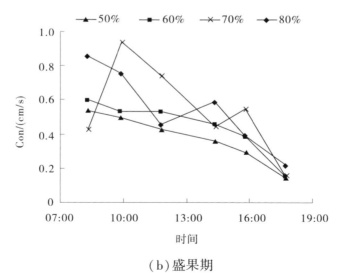

（b）盛果期

图 2-11　番茄花果期、盛果期气孔导度日变化

通过对两个生育期蒸腾速率和气孔导度日变化过程观测发现,蒸腾速率的峰值一般落后于气孔导度的峰值 2 h,如花果期气孔导

度的峰值出现在 12:00,而蒸腾速率的峰值则出现在 14:00;盛果期气孔导度的峰值出现在 8:00,而蒸腾速率的峰值出现在 10:00;而后随着气孔的关闭,气孔导度开始下降,蒸腾速率也随之下降,气孔对叶片蒸腾速率的调节效应非常明显。

通过统计分析发现,在温室番茄花果期当气孔导度减小到 0.45 cm/s 后其茎直径开始恢复;而对于盛果期气孔导度要下降到 0.25 cm/s 后其茎直径才会开始恢复。因此,可以把此值称为不同生育时期番茄茎直径恢复的临界气孔导度值。

通过对番茄两个不同生育期蒸腾相关的叶片生理指标的测定发现,土壤水分越高,日均蒸腾速率和气孔导度数值越大,而光合速率的变化却比较复杂。经过综合分析认为,70%土壤水分处理的番茄植株光合速率最大,且和其他水分处理的数值差异显著。另据专家研究结果,土壤相对含水量为 70% 的处理产量最高,由此可以认为 70% 为温室番茄生长发育的适宜土壤含水量指标,在此土壤含水量范围内土壤水分供应能力和番茄生物量的形成构成最佳组合。由此可以认为,此土壤含水量条件下的番茄 MDS 为是否对番茄灌水的临界 MDS 值,其对应的最大值约为 0.10 mm,即晴好天气条件下番茄茎直径的 MDS 小于 0.10 mm 是不需要对番茄灌水的,当 MDS 超过 0.10 mm 时,应依据具体的数值及对应的土壤含水量制订相应的灌水方案。但单纯依靠 MDS 数值指导灌水的方法容易受到气象条件的干扰,在具体操作上也有困难。

四、番茄叶片生理指标与生态因子的关系

作物产量形成的核心是光合产物的形成、积累与分配。作物光合作用除受光照、温度、CO_2 浓度等外界环境因素的影响外,还与土壤水分密切相关。水分亏缺能使作物生理发生改变,限制光合作用进行,因此研究不同土壤水分条件下作物叶片光合生理特性,对加强作物田间水分管理、提高产量和水分利用效率有非常重要的意义。

对番茄两个不同生育期主要生理指标的日均值进行方差分析及对最小显著差数法(LSD，$\alpha = 0.05$)进行排序，结果如表2-1所示。对比两生育期蒸腾速率、光合速率和气孔导度日均值可以发现，盛果期蒸腾速率日均值大于花果期蒸腾速率日均值，且土壤水分越高蒸腾速率日均值越大；花果期光合速率的日均值要大于盛果期光合速率的日均值，且两生育期光合速率日均值的最大值均出现在土壤水分为70%的处理；番茄花果期气孔导度日均值大于盛果期气孔导度日均值，且土壤水分越高气孔导度日均值越大。

表 2-1　番茄花果期、盛果期不同土壤水分处理下的叶片生理指标日均值

处理	蒸腾速率 $E/[\,mmol/(m^2 \cdot s)\,]$		光合速率 $A/[\,\mu mol/(m^2 \cdot s)\,]$		气孔导度 $Con/(cm/s)$	
	花果期	盛果期	花果期	盛果期	花果期	盛果期
80%	2.55 a	5.69 a	10.70 b	5.68 a	0.84 b	0.54 a
70%	2.53 a	5.56 b	10.79 a	5.74 a	1.01 a	0.54 a
60%	2.34 b	4.88 c	10.00 c	5.50 b	0.97 a	0.44 b
50%	2.10 c	4.77 d	9.86 d	3.98 c	0.84 b	0.38 b

注：同列完全不同的小写字母表示处理间差异显著($p < 0.05$)，下同。

番茄两生育期气象因子及蒸腾相关生理指标的对比见表2-2，可以看出，与花果期相比，盛果期的辐射有所减小、VPD(空气饱和差)约为花果期的1倍、气温比花果期升高了约9 ℃、相对湿度则小了约7%。在此蒸腾条件变化下，番茄盛果期日均气孔导度减小了约1倍，但日均蒸腾速率却增加了1倍多。由此可见，在辐射基本不变的情况下，气温的升高及相对湿度的减小可以使温室内 VPD

升高、气孔导度减小,但气孔导度的减小并未使蒸腾强度减弱,相反却增强了,这表明在相对湿度较大的温室里,通过番茄叶片的蒸腾作用不只是气孔蒸腾,还有占很大比例的角质蒸腾的存在。

表 2-2　番茄两生育期气象因子及蒸腾相关生理指标的对比

生育期	辐射/ [MJ/ (m² · d)]	VPD/ kPa	气温/ ℃	相对湿度/%	蒸腾速率/ [mmol/ (m² · s)]	光合速率/ [μmol/ (m² · s)]	气孔导度/ (cm/s)
花果期	17.95	1.52	23.86	48.59	2.32	10.30	0.92
盛果期	16.31	3.15	32.82	41.83	5.23	5.08	0.48

番茄两生育期叶片水分利用效率(WUE_L)如表 2-3 所示,番茄花果期叶片水分利用效率 WUE_L 最高的时间在 10:00 左右,之后随着光合速率的下降、蒸腾速率的上升及温室内光温条件的变化逐渐下降,各土壤水分处理的变化趋势基本一致。番茄盛果期 WUE_L 的变化比较复杂,且变化趋势也不一致。对比两生育期 WUE_L 均值可以发现,WUE_L 数值最高的处理均为土壤相对含水量为 50% 的处理,且花果期 WUE_L 是盛果期的 5~7 倍。

表 2-3　番茄花果期、盛果期不同土壤水分条件下的叶片水分利用效率(WUE_L)

处理	叶片水分利用效率 WUE_L	
	花果期	盛果期
80%	5.30 b	0.86 a
70%	5.37 b	1.01 a
60%	5.43 b	0.76 b
50%	5.63 a	1.04 a

番茄叶片生理指标与生态因子相关系数阵如表 2-4 所示,共有光合速率(P_n)、蒸腾速率(T_r)、气孔导度(Con)、胞间 CO_2 浓度(Ci)、叶温(LT)、光合有效辐射(PAR)、环境 CO_2 浓度(CO_2R)和相对湿度(RH)8 项。番茄花果期,光合速率(P_n)与气孔导度(Con)、光合有效辐射(PAR)呈显著正相关或极显著正相关,而与胞间 CO_2 浓度(Ci)呈显著负相关,与叶温(LT)相关系数虽高但未达显著水平,而与蒸腾速率(T_r)相关性未达显著水平。综合分析得出,温室内光合有效辐射是影响番茄花果期叶片光合速率的重要生态因子之一。其余的生理生态指标中胞间 CO_2 浓度(Ci)与光合有效辐射(PAR)呈显著负相关,叶温(LT)与光合有效辐射(PAR)呈显著正相关,环境 CO_2 浓度(CO_2R)与相对湿度(RH)呈显著正相关。

表 2-4　番茄叶片生理指标与生态因子相关系数阵

项目	P_n	T_r	Con	Ci	LT	PAR	CO_2R	RH
P_n	1.00							
T_r	0.37	1.00						
Con	0.88*	0.16	1.00					
Ci	-0.89*	-0.30	-0.69	1.00				
LT	0.77	0.79	0.54	-0.81	1.00			
PAR	0.95**	0.60	0.74	-0.86*	0.89*	1.00		
CO_2R	-0.29	-0.75	-0.12	0.50	-0.79	-0.46	1.00	
RH	0.148	-0.73	0.33	0.06	-0.51	-0.09	0.88*	1.00

注:* 表示 0.05 水平下显著相关;** 表示 0.01 水平下极显著相关。

番茄光合速率与蒸腾速率的关系曲线如图 2-12 所示。番茄光合速率与蒸腾速率呈开口向下的二次抛物线关系,可见番茄光合速率并不是随其蒸腾速率简单地线性增加,而是上升至一定程度后会下降,这与有关专家在玉米等作物上的发现相同。这就为如何不损失番茄光合速率的情况下尽量减少蒸腾速率提高水分利用效率提供了理论依据。

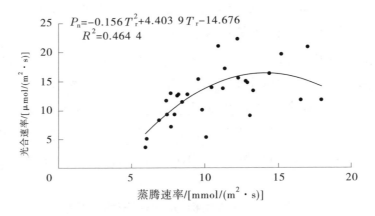

$$P_n=-0.156T_r^2+4.403\,9T_r-14.676$$
$$R^2=0.464\,4$$

图 2-12　番茄光合速率与蒸腾速率的关系曲线

第五节　番茄茎直径变化与茎液流的关系

在作物蒸腾过程中作物根系从土壤中吸收的水分通过作物茎秆送至叶片,并通过叶片气孔散发到大气中。在这一过程中,茎秆中的液体一直处于流动状态,当茎秆内液流在一点被加热,则该热量被分成三部分:一部分向上传输,一部分发生热交换,还有一部分则以辐射的形式向周围发散。正是根据这一热交换原理发明了茎流计用于测定通过植株茎秆的蒸腾速率。茎直径微变化同样是由于水分在植株体内传输引起的,是由于根系吸水跟不上植株蒸腾的需要而动用茎秆内储水参与蒸腾所造成的。为了详细探求二者间的联系,作者于番茄茎秆的下部安装茎直径变化传感器的同时,紧靠茎直径变化传感器的上方安装了美国 Dynamax 公司开发的

Flow32 茎流计(见图 2-13)来测定茎秆茎液流速率(SF),土壤水分处理选择田间持水量的 80%、50% 两个处理,每个处理各有 3 次重复。

图 2-13　番茄茎流计测试

经试验发现,由该茎流计所测得的番茄植株茎液流速率变化呈单峰曲线分布,如图 2-14 所示。土壤含水量为 80% 处理的植株06:00 以后才开始有茎流数值,而土壤含水量为 50% 处理的植株则要提前 1 h,05:00 以后茎流值开始出现,然后茎液流速率逐渐增大。茎液流速率的峰值出现在 13:00 左右,这与一天中辐射峰值时间基本一致,比由便携式光合作用测定仪所测的叶片蒸腾速率的峰值早1 h 左右,比番茄茎秆日最小茎直径(MNSD)早 2 h 左右。对于土壤含水量为 80% 处理的番茄植株茎液流速率为 0 的时间为 19:30,而土壤含水量为 50% 处理的则要晚 1 h 左右。

综上所述,高水分处理番茄植株茎秆内可测得茎液流开始的时间比低水分处理茎液流开始的时间晚、结束的时间早。这一点恰好能证明同样含水量处理的番茄茎直径变化特点,即高含水量处理的

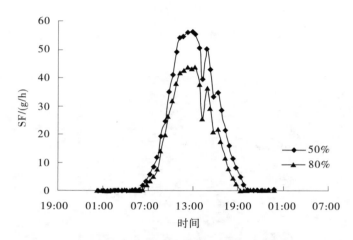

图 2-14　不同土壤含水量条件下茎液流速率日变化

番茄茎直径的收缩比低含水量处理的开始的时间要晚,得到恢复的时间早,二者反映的问题其实是一致的。

另外,通过花果期与盛果期对番茄茎液流速率的测定发现,盛果期通过其茎秆的日茎流量大于花果期的日茎流量,在数值范围上盛果期晴天日茎流量为 600~900 g/d、阴天日茎流量为 200~300 g/d;花果期晴天日茎流量为 300~500 g/d、阴天日茎流量为 100~200 g/d。由此表明,盛果期蒸腾耗水的强度比花果期的大。

第六节　结论与讨论

番茄低土壤含水量处理茎直径收缩开始的时间比高土壤含水量处理的早且收缩幅度大,而恢复的时间比高土壤含水量处理的晚,不同土壤含水量处理间番茄茎直径收缩的梯度效应明显。土壤含水量处理能够对番茄茎粗长势造成不同的影响,同一时刻高土壤含水量番茄 RV 曲线的切线斜率大于低土壤含水量 RV 曲线的切线斜率。指标 MDS 反映的是蒸腾耗水对作物本身造成的水分胁迫严重程度,而指标 DI 不仅与作物水分状况有关,还与养分等诸多因素相关,但严重的水分胁迫可导致植物茎直径增长的停滞。MDS 和 DI 的结合能够很好地反映出番茄根区土壤供水水平的差异。

通过对番茄叶水势及叶片相对含水量的测定发现,番茄茎直径日变化与其叶水势、叶片相对含水量的日变化一致,但茎直径日变化落后于叶水势、叶片相对含水量的变化 1 h 左右,从而证明水分从茎秆传输至叶片需要一定的时间。另外,通过番茄茎直径变化指标 RV 与相应的叶水势、叶片相对含水量变化回归分析表明,它们之间存在很好的相关性,从而证明用茎直径变化反映作物体内水分变化的稳定性。

对于蒸腾速率来讲,通过对温室番茄花果期与盛果期的测定发现,土壤含水量越高蒸腾速率越大,但不同生育期由于外部气象条件的不同峰值到来的时间可能不同,如花果期蒸腾速率峰值出现在 14:00 左右,而盛果期则出现在 10:00 左右,且盛果期蒸腾速率的均值要大于花果期蒸腾速率的均值。对于光合速率来讲,花果期的日均光合速率大于盛果期的,这主要是花果期营养生长旺盛的原因。经两生育期光合速率的测定发现,70% 左右土壤相对含水量为番茄光合速率最高的土壤含水量,另外根据以往结合产量的灌水方案的比较也认为灌水下限定在 70% 时产量最高,这就为以后基于茎直径变化指标何时进行灌溉提供了理论依据。此外,对于一天中光合速率峰值到来的时间花果期比较一致,一般出现在 10:00~12:00,而盛果期比较复杂。对于番茄气孔导度来讲,花果期峰值出现在 10:00~12:00,盛果期则是在 8:00~10:00,一天中无论是蒸腾速率还是光合速率,都受气孔调节的效应明显。通过对番茄两生育期气孔导度、蒸腾速率的日变化数据对比发现,番茄盛果期气孔导度约为花果期的 1/2,而蒸腾速率却是花果期的 1 倍,这说明在温室空气湿度较大的环境里番茄叶片除气孔蒸腾外还有占相当比例的角质蒸腾的存在。

　　茎直径变化与其他蒸腾相关的生理指标的关系比较复杂,既有联系也有区别。茎直径收缩一般从 6:00 开始,至 15:00 左右结束,遇到蒸腾强烈的天气开始的时间会提前,结束的时间会滞后,而阴天则相反。茎液流起始的时间与茎直径收缩的时间基本一致,而结束的时间则要比茎直径收缩晚 3~4 h,这主要因为茎液流反映的问题比茎直径收缩多一个根系吸水补充至作物体内的过程。另外,茎液流峰值几乎和辐射峰值同步,都是出现在 13:00 左右,茎秆一天中的最小茎直径一般滞后辐射峰值 1.5~2.5 h,这主要因为茎秆收缩至最小茎直径是一个累积过程,只要蒸腾作用大于根系吸水,植株就要动用体内储水参与蒸腾,茎秆就会失水收缩,直至蒸腾作用减弱,二者才会达到平衡,然后茎直径才会恢复、增长;茎液流速率反映的是一时段植株茎秆体内液体的流动量,是一时段值,与这一时段的外界气象条件关系密切。经过对温室同株番茄 MDS 和一天中通过其茎秆的累积茎液流的回归分析发现,二者存在非常好的正相关性,即茎直径收缩幅度越大,一天中通过茎秆累积茎液流越多,但土壤水分对二者的相关性也有一定的影响,即土壤含水量越高这种相关性越差,土壤含水量越低这种相关性越好。

参 考 文 献

[1] 邹冬生. 不同土壤水分条件下番茄叶片光合及蒸腾日变化研究[J]. 中国蔬菜, 1989(6):8-9, 15.

[2] 刘祖贵, 陈金平, 段爱旺, 等. 夏玉米叶片生理特性与生态因子间关系的研究[J]. 杂粮作物, 2006,26(4):288-292.

[3] 陈金平, 刘祖贵, 段爱旺, 等. 土壤水分对温室盆栽番茄叶片生理特性

的影响及光合下降因子动态 [J]. 西北植物学报, 2004, 24 (9):
1589-1593.

[4] 郭泳, 李天来, 黄广学, 等. 环境因素对番茄单叶净光合速率的影响 [J].
沈阳农业大学学报, 1998, 29 (2):127-131.

[5] 高方胜, 徐坤, 王磊, 等. 土壤水分对不同季节番茄叶片水和二氧化碳
交换特性的影响 [J]. 应用生态学报, 2007, 18 (2):371-375.

[6] 翟亚明, 邵孝侯, 徐利, 等. 不同灌溉制度对温室番茄光合特性的影响
[J]. 节水灌溉, 2009 (11):46-49.

[7] 孙健, 成自勇, 王铁良, 等. 日光温室春夏茬番茄灌溉模式试验研究
[J]. 节水灌溉, 2011 (6):1-3.

[8] 刘浩, 孙景生, 王聪聪, 等. 温室番茄需水特性及影响因素分析 [J]. 节
水灌溉, 2011 (4):11-14.

[9] 孟兆江, 段爱旺, 刘祖贵, 等. 根据植株茎直径变化诊断作物水分状况研究
进展 [J]. 农业工程学报, 2005 (2):30-33.

[10] 孟兆江, 段爱旺, 刘祖贵, 等. 温室茄子茎直径微变化与作物水分状况的
关系 [J]. 生态学报, 2006, 26 (8):2516-2522.

[11] 王晓森, 孟兆江, 段爱旺, 等. 基于茎直径变化监测番茄水分状况的机理
与方法 [J]. 农业工程学报, 2010, 26 (12):107-113.

[12] KLEPPER B, DOUGLAS B V, TAYLOR H M. Stem diameter in relation to
plant water status [J]. Plant Physiol, 1971, 48:683-685.

[13] KRAMER P J. Water stress and plant growth [J]. Agron. J., 1983, 55:
31-35.

[14] MOLZ F J, KLEPPER B. On the mechanism of water-stress-induced stem
deformation [J]. Agronomy Journal, 1973, 65:304-306.

[15] NAMKEN L N, BARTHOLIC J F, RUNKLES J R. Monitoring cotton plant
stem radius as indication of water stress [J]. Agronomy Journal, 1969, 61:
891-893.

[16] SO H B. An analysis of the relationship between stem diameter and leaf

water potentials[J]. Agronomy Journal,1979,71 :675-679.

[17] SO H B,REICOSKY D C,TAYLOR H M. Utility of stem diameter changes as predictors of plant canopy water potential[J]. Agronomy Journal,1979, 71:707-713.

第三章　番茄茎直径变化机制及其与土壤水分的关系

第一节　材料与方法介绍

一、试验材料

日光温室试验在中国农业科学院农田灌溉研究所作物需水量试验场的日光温室中进行,试验地位于 35°19′N,113°53′E,海拔 73.2 m,多年平均气温 14.1 ℃,无霜期 210 d,日照时数 2 398.8 h。试验所用温室(长 40 m、宽 8.5 m)东西走向,坐北朝南,覆盖无滴聚乙烯薄膜。试验地土质为沙壤土,耕层土壤密度为 1.38 g/cm³,田间持水量为 24%(质量含水量),地下水埋深大于 5 m。日光温室试验以番茄为试材,于 3 月中旬移栽,品种为金顶一号,移栽前施干鸡粪、三元复合肥、尿素作为底肥,移栽后立即灌活苗水,灌水至田间持水量。

二、试验方法

试验以桶栽为主,桶栽试验采用桶栽土培法,装土前在桶的底部铺有细砂,目的在于调节桶中土壤的通气状况;在桶的两侧预置直径为 5 cm 的 PP 管,长度略高于桶深,在管的下方周围打有小孔,并用纱窗布包裹,灌水时水从 PP 管管口灌入并通过小孔渗入桶内,可使灌水均匀,并防止土壤表面水分过量蒸发和土壤板结。对于桶栽番茄,本章特意安排茎自然干旱试验(土壤含水量由田间持水量缓慢降至萎蔫),以系统地了解水分胁迫升级对番茄茎直径变化的影响过程与规律。对番茄茎直径变化内部机制探索主要通过韧皮部环切来进行,其中茎秆环切处距地面高约 15 cm,切口宽度为 2 cm。桶栽土壤水分的控制采用整桶称重法,依靠实际桶重与设置土壤水分下限的桶重的差异进行灌水,灌水时用量杯量水以确保灌水量的精确性。

三、测定项目与方法

(1)茎直径变化测定:用 DD 型直径生长测量仪定点定株连续监测茎直径变化。在测定番茄不同节位茎直径变化时,设置相同水分处理同株高、低节位处理各 1 个,其中高节位距地面 30 cm 左右,而低位置距地面 10 cm 左右,每节位安装茎直径变化传感器 1 个(见图 3-1);而在对番茄茎直径变化内部机制进行探索时,每株番茄在环切处以及紧邻切口的上方各安装 1 个茎直径变化传感器。

图 3-1　番茄不同节位茎直径变化测试

（2）日最大收缩量（MDS）：MDS 计算方法如式（1-1）所示，MDS 的计算为同一天的最大茎直径（MXSD）减去最小茎直径（MNSD）。

（3）日生长量（DI）：DI 计算方法如式（1-2）所示，DI 则为后一天的 $MXSD_j$ 数值减去前一天的 $MXSD_i$ 数值。

（4）土壤含水量：桶栽试验采用整桶称重法测定土壤含水量，每日测定 1 次。

第二节　番茄自然干旱条件下 MDS 变化全过程

桶栽番茄自然干旱试验主要研究的是番茄茎直径在随土壤含水量从田间持水量下降到萎蔫含水量全过程变化的规律。试验开始于番茄盛果期，经过连续 7 d 的土壤水分控制，桶中的土壤相对含水量从 100%FC 降至 40%FC 左右，参与测试的番茄植株均已出现萎蔫迹象。

番茄盛果期自然干旱条件下的茎直径变化全过程如图 3-2 所示，为了能够和自然干旱条件下桶中土壤水分逐渐减少的过程相一致，以土壤相对失水量（1−土壤相对含水量）来表示土壤水分变化。试验结果表明，在桶中土壤水分降到田间持水量的 50%前番茄茎直径 MDS 是随着土壤含水量的降低而增大的，二者呈现出一种非常好的线性增加关系。这表明，随着土壤水分的减少，根系吸水逐渐不能满足番茄植株蒸腾耗水的需要，而是靠番茄体内储水，直到土壤相对含水量为 50%左右时，其 MDS 达到最大值。而后随着土壤含水量的下降，其 MDS 不增加反而减小，这表明此时番茄根系能从土壤中吸收的水分已经非常少了，储藏在其茎秆内可用于其蒸发的水分也因前一阶段的蒸腾作用损耗大半，番茄植株茎秆内水分已达到了一个严重入不敷出的状态。到田间持水量的 40%左右时部分番茄达到了萎蔫状态，此时番茄茎秆内储藏的水分接近完全析出，其 MDS 数值在 0.05mm 以下的水平，这与土壤相对含水量 85%以上的 MDS 数值基本上相同,但原因恰好相反,前者反映的是番茄茎秆内水分接近完全析出而导致的茎直径变化,而后者则反映的是番茄茎秆在根系吸水充足的条件下只有很少一部分储藏水分参与蒸腾而导致的茎直径变化。如果把全过程中的番茄 MDS 与土壤相对失水量进行相关性分析,则发现,其关系满足三次多项式的相关性,其决定系数达到了 0.942 8。

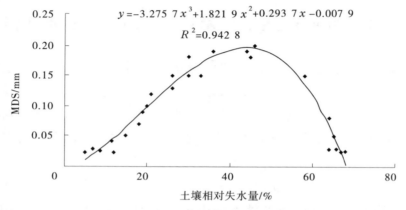

$$y = -3.275\ 7x^3 + 1.821\ 9x^2 + 0.293\ 7x - 0.007\ 9$$
$$R^2 = 0.942\ 8$$

图 3-2　MDS 与土壤相对失水量的关系

通过以上试验研究表明,土壤相对含水量 50% 左右的番茄 MDS 为其 MDS 变化整个过程的一个最大值分水岭,土壤含水量低于 50% 时,其 MDS 不增反减,这就为以后 MDS 指标的使用设置了适用范围。

第三节　韧皮部环切对番茄茎直径变化的影响

桶栽番茄茎秆韧皮部环切试验开始于 6 月 14 日,参与测试的桶栽番茄土壤水分处理约为 65%FC。番茄茎秆韧皮部环切处选在距地面 10 cm 处,切口宽度约 2 cm,露出木质部,DD 型茎直径变化传感器直接安装在番茄木质部上,另外在紧邻切口的上端再安装一个茎直径变化传感器,目的在于比较同株番茄环切与不环切的茎直径变化结果的差异,具体测定结果如图 3-3 所示。

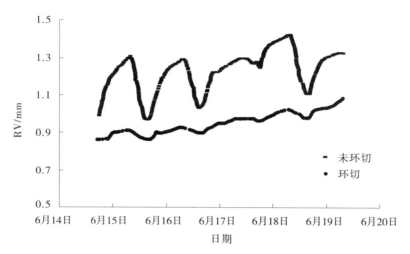

图 3-3　韧皮部环切对番茄茎直径变化的影响

　　试验结果表明,成熟番茄茎秆木质部是有直径方向的收缩、膨胀变化的,但它的这种直径方向的变化只占总体茎直径变化的 15%左右,且开始收缩的时间和整体茎直径收缩的时间基本一致,而恢复到原有直径水平要比整体茎直径恢复的时间早几个小时,这说明番茄茎直径收缩过程是由韧皮部及木质部收缩同步构成的,而茎直径恢复过程则有可能是不同步的,木质部恢复在先而韧皮部恢复在后,韧皮部补水恢复到原先厚度的时间较长。对此,Molz 和 Klepper在 1973 年做过棉花木质部静水压试验,发现成熟的棉花木质部的变形是一种弹性形变,当施加的外部作用力减小时,棉花木质部通过弹性恢复可以很快恢复到原有直径水平。这种解释同样适用于番茄木质部,只不过造成番茄木质部形变的是一种由水势差形成的内聚力。

　　另外,通过试验发现干旱至萎蔫的番茄木质部几乎没有直径方向的变化,茎直径变化几乎全部来自韧皮部,这也与 Molz 和 Klepper所做的棉花试验结果类似。

第四节　番茄不同节位的茎直径变化特征

在应用茎直径变化监测作物体内水分状况的过程中,茎直径变化传感器安装高度对监测结果也会产生很大的影响,所以对茎直径变化传感器合理安装高度的研究也非常重要。图 3-4 所示为土壤相对含水量 80%处理下番茄不同节位 RV 曲线,可以看出,对于同一株番茄而言,上节位的茎直径变化幅度大于下节位的茎直径变化幅度,且土壤含水量越高,这种差异越明显。

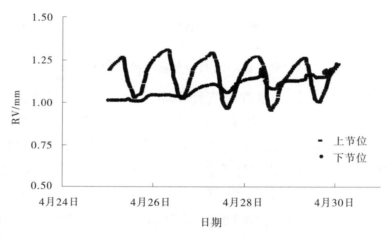

图 3-4　土壤相对含水量 80%处理下番茄不同节位 RV 曲线

为了进一步揭示该差异,分别计算了不同节位的日最大收缩量(MDS)和日生长量(DI)并加以比较。如图 3-5 所示,对于温室番茄不同节位的 MDS 而言,上节位数值比下节位数值大;对于不同节位的 DI 而言,上节位过大、过快的失水使上节位的茎粗很快进入负增长状态(4 月 26~28 日数据),而下节位只不过是 4 月 28 日蒸腾强烈时才有过一次负增长,且幅度小于上节位。分析导致不同节位茎直径变化差异的原因主要有以下三方面:

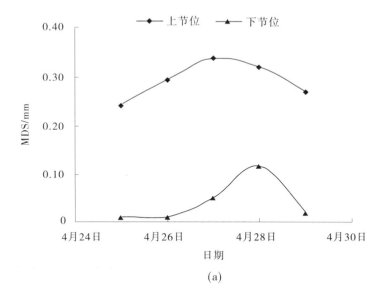

(a)

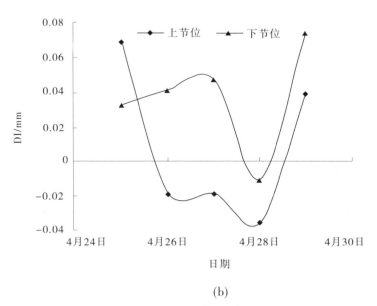

(b)

图 3-5 番茄不同节位的 MDS 和 DI

（1）下节位茎秆木质化程度高于上节位,木质化程度越高,则收缩量越小。

（2）蒸腾作用对于茎秆内水分析出的影响是自上而下的,上部茎秆内的水分先析出而后逐渐向下传递。

（3）根系吸水补充茎秆的作用是由下至上进行的。

正是这些作用的合力导致了上、下节位茎直径变化的差异。

另外,土壤含水量对于这种上、下节位茎直径变化的差异也有影响,土壤含水量越高,这种差异越明显;土壤含水量越低,这种差异越小。试验研究表明,当桶栽番茄接近于萎蔫状态时,上、下节位的茎直径变化逐渐趋于一致。图 3-6 所示分别为高水分(80%FC)、低水分(50%FC)两种土壤水分处理下的番茄 MDS 变化,4 月 25～29 日 5 d 的时间,高水分(80%FC)处理的上、下节位的 MDS 始终保持着很大的差异,低水分(50%FC)处理差异则随着土壤含水量的降低而逐渐变小,直到 4 月 29 日番茄植株接近萎蔫状态时,其上、下节位的 MDS 趋于一致。分析导致这种结果发生的原因是:当土壤供水充分时,其茎秆内失去的水分可以得到及时地补充,使其上、下节位的 MDS 能够始终保持着较大的差异;而当番茄根区土壤水分下降时,番茄茎秆内失水无法及时得到根系吸水补充,此时植株动用其茎秆内的水分参与蒸腾的范围下移,下节位的 MDS 就会变大,上、下节位的 MDS 的差异就会变小,最终当植株达到萎蔫状态时其茎秆内韧皮部及新生组织中储藏的可被用作蒸腾的水分接近完全析出状态,此时番茄茎秆上、下节位 MDS 都非常小,几乎均不收缩,所以上、下节位的 MDS 便呈现出一致的状态。

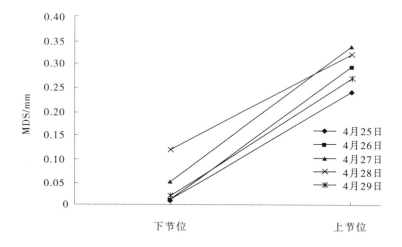

(a)80%FC

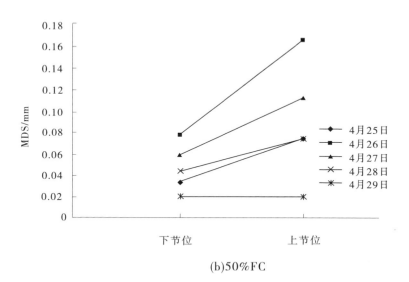

(b)50%FC

图 3-6　土壤水分对番茄茎秆不同节位 MDS 的影响

第五节　结论与讨论

根据以往文献论述,由于植株白天在蒸腾作用的影响下,根系吸水无法满足蒸腾耗水的需要,导致其茎秆韧皮部和新生组织中水分析出参与蒸腾而使其茎秆收缩、直径减小,具体解释依据就是内聚力理论;夜晚蒸腾作用减弱,存在于植株体内的水分运动以根系吸水为主,根系吸水补充到茎秆使其膨胀,从而表现出白天收缩、夜晚膨胀的茎直径变化规律。也就是说,茎直径变化的部位主要发生在茎秆韧皮部及新生组织中,在以往的文献中木质部大多描述为刚性部分,几乎不发生直径方向的变化。为了验证以往文献论述的正确性,在番茄生育后期做了番茄茎秆韧皮部环切试验,即探头直接安装于番茄茎秆木质部上,结果发现灌水充分的番茄茎秆木质部存在收缩与膨胀的昼夜微变化现象,其中木质部的日最大收缩量为 $0.02 \sim 0.05$ mm,占番茄茎秆整体茎收缩量的 15% 左右,而干旱至萎蔫状况下的番茄木质部几乎没有任何茎直径变化,所有引起茎直径变化的原因几乎全部来自韧皮部,这与 Molz 和 Klepper 在 1973 年所做的棉花木质部静水压试验结果是一致的,但棉花木质部茎直径收缩占整体茎直径收缩的 8% 左右,低于本试验番茄木质部的茎直径收缩量。

对于土壤含水量对番茄茎直径变化的影响,在 50% 以上土壤相对含水量范围内,MDS 随着土壤含水量的降低而增加,二者呈现出非常好的线性关系;而土壤含水量低于 50% 时,其 MDS 会因土壤含水量的减小而减小,50% 左右土壤相对含水量下的 MDS 基本上是其从田间持水量到萎蔫土壤水分变化过程中的最大值。

对于同一株番茄而言,上节位的茎直径 MDS 变化幅度大于下节位的茎直径 MDS 变化幅度,且土壤含水量越高,这种差异越明显。导致不同节位茎直径变化差异的原因主要有:下节位茎秆木质化程度高于上节位,木质化程度越高,收缩量越小;蒸腾作用对茎秆内水分析出的影响是自上而下的,上部茎秆内的水分先析出而后逐渐向下传递;根系吸水补充茎秆的作用是由下至上进行的。正是这些作用的合力导致了上、下节位茎直径变化的差异。

参 考 文 献

[1] 孟兆江,段爱旺,刘祖贵,等.根据植株茎直径变化诊断作物水分状况研究进展[J].农业工程学报,2005,21(2):30-33.

[2] 余克顺,李绍华,孟昭清,等.水分胁迫条件下几种果树茎干直径微变化规律的研究[J].果树科学,1999,16(2):86-91.

[3] MOLZ F J, KLEPPER B. On the mechanism of water-stress-induced stem deformation[J]. Agronomy Journal, 1973, 65(2): 304-306.

[4] SO H B. An analysis of the relationship between stem diameter and leaf water potentials[J]. Agronomy Journal, 1979, 71(4): 675-679.

[5] NAMKEN L N, BARTHOLIC J F, RUNKLES J R. Monitoring cotton plant stem radius as indication of water stress[J]. Agronomy Journal, 1969, 61(6): 891-893.

[6] SATO N, HASEGAWA K. A computer controlled irrigation system for muskmelon using stem diameter sensor[J]. Greenhouse Environment Control and Automation, 1995: 399.

[7] KLEPPER B, DOUGLAS B V, TAYLOR H M. Stem diameter in relation to plant water status[J]. Plant Physiol, 1971, 48: 683-685.

[8] GALLARDO M, THOMPSON R B, VALDEZ L C. Use of stem diameter variations to detect plant water stress in tomato[J]. Irrigation Science, 2006, 24(4): 241-255.

[9] ORTUNO M F, GARCÍA-ORELLANA Y, CONEJERO W, et al. Relationships between climatic variables and sap flow, stem water potential and maximum daily trunk shrinkage in lemon trees[J]. Plant and Soil, 2006, 279(1/2):229-242.

[10] MORENO F, CONEJERO W, MARTIN-PALOMO M J, et al. Maximum daily trunk shrinkage reference values for irrigation scheduling in olive trees [J]. Agricultural Water Management, 2006, 84(3): 290-294.

[11] 彭致功,杨培岭,段爱旺,等.不同水分处理对番茄产量性状及其生理机制的效应[J].中国农学通报,2005,21(8):191-195.

[12] 雷水玲,孙忠富,雷廷武.温室内作物茎秆直径变化对基质含水率的响应[J].农业工程学报,2005,21(7):116-119.

[13] KRAMER P J. Water stress and plant growth[J]. Agron. J., 1983, 55(1): 31-35.

[14] 王晓森,孟兆江,段爱旺,等.基于茎直径变化监测番茄水分状况的机理与方法[J].农业工程学报,2010,26(12):107-113.

第四章　番茄茎直径变化与温室微气象因子的关系

作物蒸腾耗水都是与当时气象条件密不可分的,根据联合国粮食及农业组织有关 ET_0 的计算公式,以及其他文献的论述,可知与蒸腾作用密切相关的气象因子主要有辐射(R)、空气饱和差(VPD)、温度(T)、相对湿度(RH)等,所以研究温室内微气象因子对番茄植株茎直径变化的影响,对于清楚了解茎直径微变化的一般规律及利用该规律进行实际的灌水决策很有帮助。

第一节　材料与方法介绍

一、试验材料

日光温室试验在中国农业科学院农田灌溉研究所作物需水量试验场的日光温室中进行,试验地位于 $35°19'$ N, $113°53'$ E,海拔73.2 m,多年平均气温14.1 ℃,无霜期210 d,日照时数2 398.8 h。试验所用温室(长40 m、宽8.5 m)东西走向,坐北朝南,覆盖无滴聚乙烯薄膜。试验地土质为沙壤土,耕层土壤密度为 1.38 g/cm³,田间持水量为24%(质量含水量),地下水埋深大于5 m。日光温室试验以番茄为试材,于3月中旬移栽,品种为金顶一号,移栽前施干鸡粪、三元复合肥、尿素作为底肥,移栽后立即灌活苗水,灌水至田间持水量。

二、试验方法

试验以桶栽和小区试验相结合,桶栽试验采用桶栽土培法,装土前在桶的底部铺有细砂,目的在于调节桶中土壤的通气状况;在桶的两侧预置直径为 5 cm 的 PP 管,长度略高于桶深,在管的下方周围打有小孔,并用纱窗布包裹,灌水时水从 PP 管管口灌入并通过小孔渗入桶内,可使灌水均匀,并防止土壤表面水分过量蒸发和土壤板结。在番茄的不同生长发育阶段进行土壤水分处理,土壤水分控制下限一般取田间持水量的 80%、70%、60% 和 50%。桶栽土壤水分的控制采用整桶称重法,依靠实际桶重与设置土壤水分下限的桶重的差异进行灌水,灌水时用量杯量水以确保灌水量的精确性。与温室番茄桶栽试验同时进行的还有大田小区试验。试验用小区宽 1 m,每小区种植 2 行番茄,为方便观测记录及防止土壤水分侧渗,特在小区间留有间距,试验处理个数与桶栽试验相同,共设 4 个,灌水下限分别为田间持水量的 80%、70%、60% 和 50%。土壤水分控制采用取土烘干法为主并辅以时域反射仪(TDR)。供水方式为滴灌,水表计量,计划湿润层为 40 cm。

三、测定项目与方法

(1)茎直径变化测定:用 DD 型直径生长测量仪定点定株连续监测茎直径变化。

(2)日最大收缩量(MDS):MDS 计算方法如式(1-1)所示,MDS 的计算为同一天的最大茎直径(MXSD)减去最小茎直径(MNSD)。

(3)日生长量(DI):DI 计算方法如式(1-2)所示,DI 为后一天的 $MXSD_j$ 数值减去前一天的 $MXSD_i$ 数值。

(4)气象因子观测:空气温度、湿度、作物冠层温度、太阳辐射等指标,由温室内自动气象站获得。

(5)空气饱和差(VPD):VPD 由修正的彭曼公式计算获得,具体计算公式如式(2-1)、式(2-2)所示。

(6)水面蒸发:由 20 cm 蒸发皿及配套精度为 0.1 mm 的量筒每

天量测。

第二节　温室微气象因子、水面蒸发变化趋势

　　春夏季温室番茄全生育期气象因子及水面蒸发变化如图 4-1 所示,包括日均气温、相对湿度、辐射、VPD 及水面蒸发 5 项。数据显示气温、辐射、VPD 和水面蒸发随着季节由春季向夏季变化而逐渐变大,其中气温于 6 月底达到峰值,而辐射、空气饱和差(VPD)和水面蒸发则是在 6 月初达到峰值后又有稍许下降,且不同天气条件下的差异非常大,表现为大的波动幅度;温室内相对湿度随着温度、辐射的变大和灌水频率的增加,变化幅度也逐渐变大。番茄不同生育期试验期间的气象因子和水面蒸发均值如表 4-1 所示,其中苗期温室内相对湿度最大;花果期的辐射、水面蒸发最大;盛果期则是VPD 和日均气温最大。

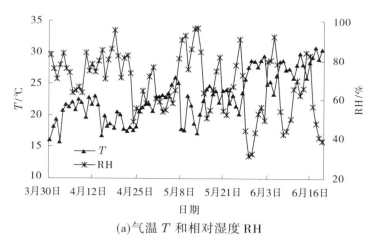

(a)气温 T 和相对湿度 RH

图 4-1　温室内微气象因子及水面蒸发变化

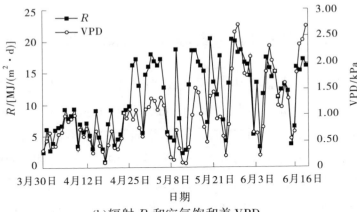

(b)辐射 R 和空气饱和差 VPD

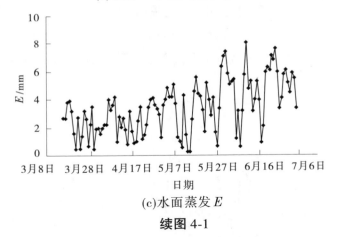

(c)水面蒸发 E

续图 4-1

表 4-1　番茄不同生育期试验期间的微气象因子和水面蒸发均值

生育期	辐射/ $[\mathrm{MJ}/(\mathrm{m}^2 \cdot \mathrm{d})]$	VPD/kPa	气温/℃	相对湿度/ %	水面蒸发/ mm
苗期	7.96	0.85	21.92	67.71	2.88
花果期	17.95	1.52	23.86	48.59	3.88
盛果期	16.31	3.15	32.82	41.83	3.44

第三节　番茄 MNSD 的滞后效应

番茄茎直径变化与体内水分变化密切相关,而体内水分变化又与蒸腾条件有关,辐射、VPD 作为蒸腾作用主要驱动力,与茎直径变化存在很强的相关性。图 4-2 为 5 月 22~24 日连续 3 d 番茄茎直径

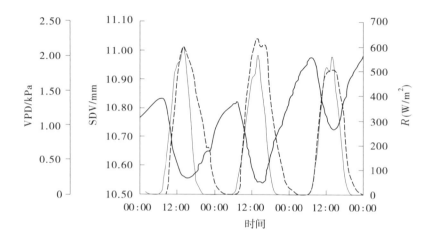

图 4-2　番茄茎直径(粗实线)与辐射(细实线)、VPD(虚线)日变化

相对变化量(SDV)、温室内辐射(R)及 VPD 日变化曲线。从图 4-2 中可以看出,随着蒸腾作用的增强,根系吸水速率逐渐跟不上蒸腾耗水的需要,番茄体内开始出现水分亏缺,植株茎秆内储藏的水分在内聚力的作用下被"拉出"参与蒸腾,从而导致茎直径收缩减小。这种收缩持续至每日 15:30 左右,达到一天中的 MNSD(最小茎直径)。而后随着蒸腾作用的减弱根系吸水速率逐渐大于蒸腾速率,水分重新补充至番茄体内使其茎秆体积变大,直径复原。番茄茎直径一般在每天 07:00 左右达到一天中的 MXSD(最大茎直径)。温室内辐射产生的时间为 06:00 左右,随着光照的增强辐射数值逐渐变大,VPD 数值亦随之变大,它们的峰值一般出现在 14:00 左右,比

MNSD 要早 1.5 h 左右。在下降过程中辐射与 VPD 是不同步的,辐射下降得较快,至 21:00 温室内辐射数值接近于 0,而 VPD 下降得较慢,直至次日 05:00~07:00,温室内水汽才达到饱和状态。通过以上分析可以得出,茎直径变化与辐射变化是不同步的,MNSD 通常要落后辐射峰值 1.5 h 出现,即 MNSD 的滞后效应。

第四节　番茄茎直径变化指标 MDS 与水面蒸发的关系

番茄花果期 5 月 3~10 日监测的水面蒸发如图 4-3 所示。总体来说,水面蒸发和同期气象因子(如辐射、VPD、气温)的变化较为一致,水面蒸发于 7 日达到最大值,然后随着阴雨天气的到来其数值

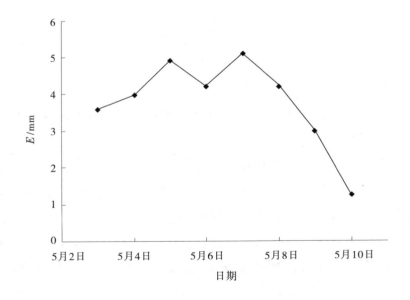

图 4-3　温室番茄花果期水面蒸发变化

逐渐变小,二者趋势基本相同。通过对 80%FC 和 50%FC 两种不同

土壤水分处理下番茄 MDS 与水面蒸发的回归分析发现,MDS 和水面蒸发存在显著的正相关性,且土壤水分越低相关性越好,决定系数越高。这表明 MDS 数值的大小与当时温室内蒸发条件密切相关,土壤水分越低,通过茎直径变化反映出的蒸发变化越接近实际值,MDS 与水面蒸发的相互关系如图 4-4 所示。

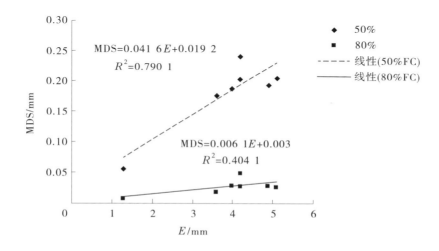

图 4-4　MDS 与水面蒸发的相互关系

第五节　番茄茎直径变化指标 MDS 与气象因子的关系

依据温室内自动气象站测得的气象数据,选取了 4 项气象因子指标,如辐射(R)、空气饱和差(VPD)、湿度(H)和温度(T)的峰值与均值分别与 MDS 数值进行了回归分析,发现各指标中的辐射最大值(R_{max})、空气饱和差日均值(VPD_m)、空气湿度最小值(H_{min})和温度最大值(T_{max})与 MDS 相关性较好,具体结果如图 4-5 所示。充分灌溉条件下(T0 处理,80%FC)的 MDS 与 R_{max} 和 VPD_m 均呈极显著正相关($p<0.01$)，MDS 数值随温室内辐射的增强、空气饱和差的增大而增大；MDS 与 H_{min} 却呈极显著负相关，MDS 数值随温室内湿度的增大而变小。其中，T0 处理 MDS 与 VPD_m 决定系数最高达到 0.597 1。

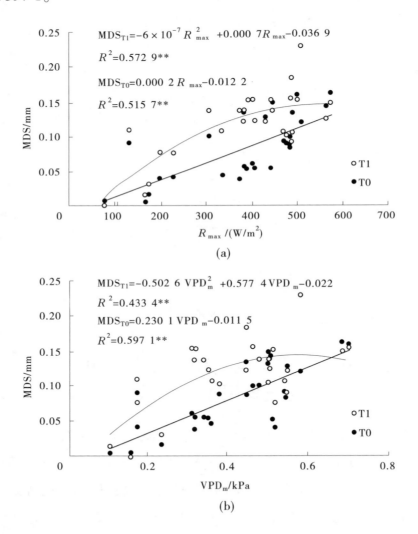

图 4-5　控制区(T0 处理)和胁迫区(T1 处理)的 MDS 与气象因子的相关性

(注：＊＊代表 $p<0.01$ 水平下达极显著)

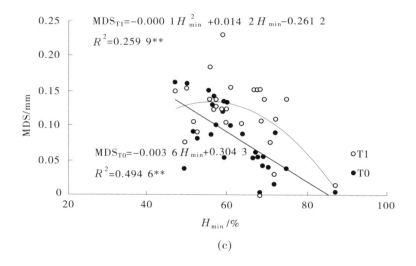

(c)

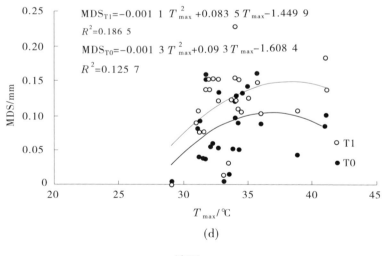

(d)

续图 4-5

胁迫条件下（T1 处理，50% FC）的番茄 MDS 与 R_{max}、VPD_m 和 H_{min} 均呈二次抛物线关系，其中 MDS 与 R_{max}、VPD_m 相关性达极显著水平，与 H_{min} 相关性达显著水平（$p<0.05$）。胁迫条件下影响番茄 MDS 数值的原因不仅有蒸发条件，还有土壤供水能力不足的

因素。

此次研究还发现,温室内无论是 T0 处理还是 T1 处理,MDS 与 T_{max} 均呈开口向下的二次抛物线关系,但均未达到显著水平,不像其他文献显示的 T_{max} 与 MDS 显著相关。寻优分析显示 MDS 随 T_{max} 的变大而变大,但当温室内 T_{max} 超过 38 ℃后,MDS 随 T_{max} 的变大而变小。究其原因,是温室内过高的温度会导致番茄自身产生保护机制,如温度升高导致番茄叶片气孔关闭蒸腾量减小,收缩量也相应减小,详细机制有待后续试验验证。

第六节　结论与讨论

对于豫北地区春夏季温室内气象因子,苗期相对湿度最大;花果期的辐射、水面蒸发最大;盛果期则是 VPD 和气温最大。从本章研究还可以总结得出,茎直径变化与辐射变化是不同步的,MNSD 通常要落后辐射峰值 1.5 h 出现,即 MNSD 的滞后效应。MDS 和水面蒸发存在显著的正相关性,且土壤水分越低相关性越好,决定系数越高。

气象因子和土壤含水量共同对温室作物番茄茎直径变化产生影响,因为气象因子决定着蒸腾强度,而土壤含水量决定着根区土壤的供水水平,二者是导致茎收缩与恢复的主要外因。就 MDS 而言,气象因子决定着 MDS 变化的基本趋势,而土壤含水量则影响 MDS 的变化幅度,也就是说同一气象条件下不同的土壤水分范围测得的 MDS 值是不一样的,土壤水分越高 MDS 越小,而土壤水分越低 MDS 越大,这是外部因素对作物茎直径变化产生影响的一般规律。在气象因子中,辐射、VPD、相对湿度等均与 MDS 有很好的相关性,其中辐射、VPD 与 MDS 呈正相关,而空气相对湿度与 MDS 呈负相关。相同气象条件下高土壤含水量 MDS 与气象因子呈线性相关,而低土壤含水量 MDS 与气象因子则呈开口向下的抛物线相关关系。究其原因,低土壤水分条件下影响番茄 MDS 数值不仅有蒸发条件,还有土壤供水能力不足的因素,亦或有可能是番茄自身保护机制的因素,详细机制有待后续试验验证。

参 考 文 献

[1] 李晓彬,汪有科,张平.充分灌溉下梨枣树茎直径动态变化及 MDS 影响因子的通径分析[J].农业工程学报,2011,27(4):88-93.

[2] 李绍华,HUGUER J G.植物器官体积微变化与果树自动灌溉[J].果树科学,1993,10(增刊):15-19.

[3] 雷水玲,孙忠富,雷廷武.温室内作物茎秆直径变化对基质含水率的响应[J].农业工程学报,2005,21(7):116-119.

[4] 孟兆江,段爱旺,刘祖贵,等.根据植株茎直径变化诊断作物水分状况研究进展[J].农业工程学报,2005(2):30-33.

[5] 孟兆江,段爱旺,刘祖贵,等.温室茄子茎直径微变化与作物水分状况的关系[J].生态学报,2006,26(8):2516-2522.

[6] 王晓森,孟兆江,段爱旺,等.基于茎直径变化监测番茄水分状况的机理与方法[J].农业工程学报,2010,26(12):107-113.

[7] 王晓森,刘祖贵,刘浩,等.番茄茎直径 MDS 的通径分析与数值模拟[J].农业机械学报,2012,43(8):187-192.

[8] 王晓森,孟兆江,段爱旺,等.充分灌溉和干旱胁迫对棉花茎直径变化的影响[J].灌溉排水学报,2009,28(5):75-78.

[9] 王晓森,孟兆江,段爱旺,等.温室茄子不同生育期茎直径变化特征及其与气象因子的关系[J].干旱地区农业研究,2010,28(4):106-111.

[10] 余克顺,李绍华,孟昭清,等.水分胁迫条件下几种果树茎干直径微变化规律的研究[J].果树科学,1999,16(2):86-91.

[11] 王忠.植物生理学[M].北京:中国农业出版社,2000.

[12] 张平,汪有科,湛景武,等.充分灌溉条件下桃树茎直径最大日收缩量模拟[J].农业工程学报,2010,26(3):38-43.

[13] 张寄阳,段爱旺,孟兆江,等.不同水分状况下棉花茎直径变化规律研究

[J]. 农业工程学报,2005(5):7-11.

[14] 张寄阳,段爱旺,孟兆江,等. 基于茎直径微变化的棉花适宜灌溉指标初步研究[J]. 农业工程学报,2006(12):86-89.

[15] 张琳琳,汪有科,韩立新,等. 梨枣花果期耗水规律及其与茎直径变化的相关分析[J]. 生态学报,2013,33(3):0907-0915.

[16] MORENO F, CONEJERO W, MARTIN-PALOMO M J, et al. Maximum daily trunk shrinkage reference values for irrigation scheduling in olive trees [J]. Agricultural Water Management,2006, 84(3): 290-294.

[17] MORIANA A, GIRÓN I F, MARTÍN-PALOMO M J, et al. New approach for olive trees irrigation scheduling using trunk diameter sensors[J]. Agricultural Water Management, 2010, 97: 1822-1828.

[18] MORIANA A, MORENO F, GIRON I F, et al. Seasonal changes of maximum daily shrinkage reference equations for irrigation scheduling in olive trees: Influence of fruit load[J]. Agricultural Water Management, 2011, 99: 121-127.

[19] FERNANDEZ J E, CUEVAS M V. Irrigation scheduling from stem diameter variations: A review[J]. Agricultural and Forest Meteorology , 2010, 150: 135-151.

[20] GALLARDO M, THOMPSON R B, VALDEZ L C. Use of stem diameter variations to detect plant water stress in tomato [J]. Irrigation Science, 2006,24:241-255.

第五章　番茄茎直径 MDS 的通径分析及数值模拟

　　以往研究成果表明,MDS 虽然能够很好地表现出作物体内水分状况及土壤供水能力的变化,但其数值极易受气象因素的干扰。Gallardo 等研究发现,MDS 对土壤水分胁迫的反应比叶水势灵敏;王晓森等研究发现,温室番茄 MDS 能够反映出土壤水分变化,但同一土壤水分下番茄 MDS 在不同气象条件下数值不同。此外,影响 MDS 数值的气象因素较多,它们之间存在很高的相关性,如何能够从中选出主要成分,通径分析提供了很好的思路。

第一节　材料与方法介绍

一、试验材料

　　日光温室试验在中国农业科学院农田灌溉研究所作物需水量试验场的日光温室中进行,试验地位于 $35°19'N$,$113°53'E$,海拔73.2 m,多年平均气温 14.1 ℃,无霜期 210 d,日照时数 2 398.8 h。试验所用温室(长 40 m、宽 8.5 m)东西走向,坐北朝南,覆盖无滴聚乙烯薄膜。试验地土质为沙壤土,耕层土壤密度为 1.38 g/cm³,田间持水量为 24%(质量含水量),地下水埋深大于 5 m。日光温室试验以番茄为试材,于 3 月中旬移栽,品种为金顶一号,移栽前施干鸡粪、三元复合肥、尿素作为底肥,移栽后立即灌活苗水,灌水至田间持水量。

二、试验方法

　　试验用小区宽 1 m、长 8 m,每小区种植 2 行,为方便观测记录及防止土壤水分侧渗,特在小区间留有间距,试验处理共设 1 个,灌水下限分别为田间持水量的 80%。土壤水分控制采用取土烘干法为主并辅以时域反射仪(TDR)。供水方式为滴灌,水表计量,计划湿润层为 40 cm。

三、测定项目与方法

(1)茎直径变化测定:用 DD 型直径生长测量仪定点定株连续监测茎直径变化。

(2)日最大收缩量(MDS):MDS 计算方法如式(1-1)所示,MDS的计算为同一天的最大茎直径(MXSD)减去最小茎直径(MNSD)。

(3)气象因子观测:空气温度、湿度、作物冠层温度、太阳辐射等指标,由温室内自动气象站获得。

(4)空气饱和差(VPD):VPD 由修正的彭曼公式计算获得,具体计算公式如式(2-1)、式(2-2)所示。

(5)水面蒸发:由 20 cm 蒸发皿及配套精度为 0.1 mm 的量筒每天量测。

四、统计分析

统计分析由专用的统计软件 DPS 完成。

第二节　通径分析原理

在多个变量的反应系统中,变量之间的相关关系复杂,任意两个变量之间可能都存在相关性,计算两个变量之间的简单相关系数往往不能正确地说明它们之间的关系。通径分析是在相关分析与回归分析的基础上,将相关系数分解为直接作用系数和间接作用系数,以揭示各因素对因变量的相对重要性,比相关分析和回归分析更准确。

设在 p 个自变量 $x_1, x_2, \cdots, x_p$ 中,每两个变量之间与因变量 y 之

间的简单相关系数可以构成求解通径系数的标准化正规方程,即

$$
\left.\begin{array}{l}
r_{11}\rho_1 + r_{12}\rho_2 + \cdots + r_{1p}\rho_p = r_{1y} \\
r_{21}\rho_1 + r_{22}\rho_2 + \cdots + r_{2p}\rho_p = r_{2y} \\
\qquad\qquad\qquad\vdots \\
r_{p1}\rho_1 + r_{p2}\rho_2 + \cdots + r_{pp}\rho_p = r_{yy}
\end{array}\right\}
\tag{5-1}
$$

式中　$\rho_1,\rho_2,\cdots,\rho_p$——直接通径系数。

　　直接通径系数可以通过求上述相关阵的逆阵计算获得。假设 C_{ij} 为相关矩阵 r_{ij} 的逆阵,那么直接通径系数 $\rho_i(i=1,2,\cdots,p)$ 为

$$
\begin{bmatrix} \rho_1 \\ \rho_2 \\ \vdots \\ \rho_p \end{bmatrix}
=
\begin{bmatrix}
c_{11} & c_{12} & c_{13} & \cdots & c_{1p} \\
c_{21} & c_{22} & c_{23} & \cdots & c_{2p} \\
\vdots & \vdots & \vdots & & \vdots \\
c_{p1} & c_{p2} & c_{p3} & \cdots & c_{pp}
\end{bmatrix}
\begin{bmatrix} r_{1y} \\ r_{2y} \\ \vdots \\ r_{py} \end{bmatrix}
\tag{5-2}
$$

间接通径系数可以通过相关系数和直接通径系数的乘积来计算。

第三节　气象因子对番茄茎直径 MDS 影响的通径分析

　　影响番茄茎直径微变化的外部因素主要有土壤供水水平和蒸腾条件,蒸腾条件主要与当时的气象因子有关。本试验是在充分供水(80%FC)的条件下进行的,目的是尽量减少因土壤供水能力下降而引起的番茄茎直径变化的影响,集中考察单一气象因素对番茄茎直径变化的影响,以便找出主导温室番茄茎直径变化的气象因子。通过试验分析及参考以往有关文献,现总结出 7 项气象指标作为原因变量:水面蒸发量(E_w)、日最高气温(T_{max})、日均气温(T_m)、空气饱和差日均值(VPD_m)、正午空气饱和差(VPD_{md})、日总辐射(R_s)和日辐射峰值(R_{max}),分别定义为 $x_1 \sim x_7$。其中 T_{max} 一般出现在 14:00~15:00,R_{max} 一般出现在 13:00,VPD_{md} 选用 12:00 温室内气

象数据计算取得。将 MDS 作为效果变量,定义为 y。依据通径分析原理求解各变量相关系数及直接通径系数如图 5-1 所示,变量相关性检验如表 5-1 所示,基于各变量相关系数及直接通径系数求解的间接通径系数、间接作用值总和及总作用值如表 5-2 所示。

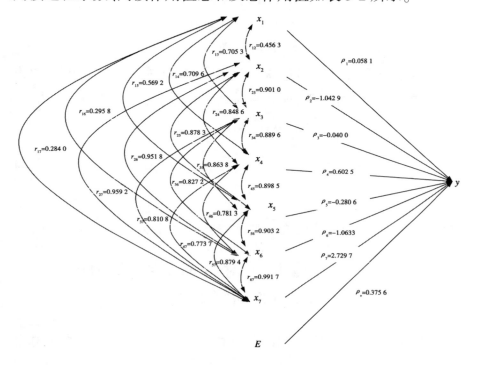

图 5-1　气象因子与 MDS 通径分析

从通径分析结果中可以得出,对于春夏季温室番茄,因变量 x_7、x_4、x_1 对 MDS 的直接通径系数均为正,且排名前三,尤其是 x_7 的直接通径系数达到了 2.729 7,表明了辐射作为植物蒸腾作用的主要动力对植物器官体积的微变化起主导作用。其次是 x_4,它所反映的是温室内水汽浓度梯度。x_4 数值越大,温室内空气湿度越低,水汽梯度越大,水汽扩散速率越高,植物蒸腾量越多。三者与 MDS 的相关性分析表明,x_7 与 MDS 可以达到极显著正相关水平($p<0.01$),x_4 与 MDS 亦

表 5-1　气象因子各变量相关性检验

变量	p						
	x_1	x_2	x_3	x_4	x_5	x_6	x_7
x_1	0	0.101 0	0.004 8	0.004 5	0.003 6	0.304 5	0.325 2
x_2		0	0.000 1	0.000 1	0.000 1	0.000 1	0.000 1
x_3			0	0.000 1	0.000 1	0.000 3	0.000 4
x_4				0	0.000 1	0.001 0	0.001 2
x_5					0	0.000 1	0.000 1
x_6						0	0.000 1
x_7							0

表 5-2　气象因素对 MDS 影响的通径分析

通径	x_i 对 y 直接作用值	x_i 通过 x_j 对 y 的间接作用			间接作用值总和	x_i 对 y 的总作用值
		i	j	作用值		
x_1 对 y	0.058 1	x_1	x_2	−0.475 8	0.224 4	0.282 5
		x_1	x_3	−0.028 2		
		x_1	x_4	0.427 5		
		x_1	x_5	−0.159 7		
		x_1	x_6	−0.314 6		
		x_1	x_7	−0.775 2		

续表 5-2

通径	x_i 对 y 直接作用值	x_i 通过 x_j 对 y 的间接作用			间接作用值总和	x_i 对 y 的总作用值
		i	j	作用值		
x_2 对 y	−1.042 9	x_2	x_1	0.026 5	1.861 7	0.818 8
		x_2	x_3	−0.036 0		
		x_2	x_4	0.511 3		
		x_2	x_5	−0.246 5		
		x_2	x_6	−1.012 0		
		x_2	x_7	2.618 4		
x_3 对 y	−0.040 0	x_3	x_1	0.040 9	0.728 6	0.688 6
		x_3	x_2	−0.939 6		
		x_3	x_4	0.536 0		
		x_3	x_5	−0.242 4		
		x_3	x_6	−0.879 6		
		x_3	x_7	2.213 3		
x_4 对 y	0.602 5	x_4	x_1	0.041 2	0.149 7	0.752 2
		x_4	x_2	−0.885 0		
		x_4	x_3	−0.035 6		
		x_4	x_5	−0.251 1		
		x_4	x_6	−0.830 7		
		x_4	x_7	2.111 9		

续表 5-2

通径	x_i 对 y 直接作用值	x_i 通过 x_j 对 y 的间接作用			间接作用值总和	x_i 对 y 的总作用值
		i	j	作用值		
x_5 对 y	-0.280 6	x_5	x_1	0.033 0	1.064 1	0.783 5
		x_5	x_2	-0.916 0		
		x_5	x_3	-0.034 5		
		x_5	x_4	0.541 4		
		x_5	x_6	-0.960 4		
		x_5	x_7	2.400 6		
x_6 对 y	-1.063 3	x_6	x_1	0.017 2	1.915 9	0.852 6
		x_6	x_2	-0.992 6		
		x_6	x_3	-0.033 1		
		x_6	x_4	0.470 7		
		x_6	x_5	-0.253 5		
		x_6	x_7	2.707 2		
x_7 对 y	2.729 7	x_7	x_1	0.016 5	-1.851 4	0.878 3
		x_7	x_2	-1.000 4		
		x_7	x_3	-0.302 4		
		x_7	x_4	0.466 2		
		x_7	x_5	-0.246 8		
		x_7	x_6	-1.054 5		
E	0.375 6					0.375 6

注：x_j 是 $x_1 \sim x_7$ 中不同于 x_i 的变量。

可达到显著正相关水平($p<0.05$),而x_1与 MDS 的相关性未达显著水平。从统计学意义上讲,x_7和x_4为春夏季温室番茄茎直径 MDS 的决策变量,对其产生直接作用;而其余变量x_2、x_3、x_5、x_6直接通径系数为负,但它们的间接作用值总和及总作用值又都为正,说明这些变量主要通过x_7和x_4对 MDS 产生作用,对番茄茎直径 MDS 起间接作用。

此外,剩余项直接通径系数为 0.375 6,表明除上述已知原因变量外,还有一些未考虑进来的原因变量影响番茄茎直径的 MDS 数值。如温室内光温条件变化所引起的番茄植株内部生理的变化、番茄茎秆自然生长作用、根区土壤供水能力变化、系统误差等。这些因素在今后的试验中也要充分考虑。

第四节　番茄茎直径 MDS 的数值模拟

经过通径分析可知,原因变量x_7、x_4为主导温室番茄茎直径微变化的重要气象因子,由此建立x_7、x_4与 MDS 的线性回归方程:

$$\text{MDS} = 0.000\ 257R_{\max} + 0.030\ 240\text{VPD}_{\text{m}} - 0.004\ 620 \tag{5-3}$$

式中　$R_{\max}$——日辐射峰值,W/m^2;

　　　VPD_{m}——空气饱和差日均值,kPa;

　　　MDS——日最大收缩量,mm。

经检验,此回归方程达极显著水平($p<0.01$)。应用该方程对试验期间 MDS 数值进行模拟,实测值与预测值比较如图 5-2 所示。试验期间 14 日雨,21 日阴转多云,其余时间天气晴朗。从图 5-2 中可以看出,除 5 月 18 日灌水及 5 月 24 日土壤含水量低于灌水下限时误差较大外,其余时间该模型还是能够准确地反映出 MDS 数值变化的,预测值残差分析如图 5-3 所示。实验室以往研究表明,番茄 MDS 数值随水分胁迫的加剧逐渐变大,在实际应用过程中可以将实测值与充分灌溉条件下的预测值进行比较来确定作物是否需

要灌溉。

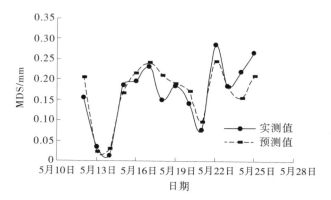

图 5-2 实测值与预测值分析

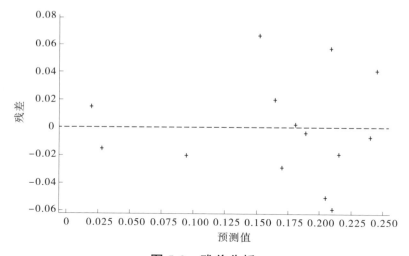

图 5-3 残差分析

同理,利用回归分析可得出充分灌溉条件下的秋冬季温室番茄茎直径 MDS 模拟方程:

$$\text{MDS} = 0.000\,106\,47R_{max} + 0.160\,22\text{VPD}_m - 0.023\,57 \quad (5\text{-}4)$$

式中字母意义同前。

经检验,此回归方程亦达极显著水平($p < 0.01$)。

第五节　结论与讨论

依靠茎直径微变化监测作物水分状况虽然具有方法简单、对植株没有破坏性、可以连续监测记录所测结果等优点,但其指标容易受到气象因素的干扰。本试验用通径分析法对充分灌溉条件下番茄的 MDS 与气象因子的相关性进行了研究,结果显示日辐射峰值(R_{max})和空气饱和差日均值(VPD_m)为温室番茄 MDS 的决策变量。此结论与之前李晓彬等得出太阳净辐射(R_S)和 VPD_m 为充分灌溉条件下梨枣树 MDS 的决策变量类似,但李晓彬等的研究未将 R_{max} 列入因变量中。本研究显示,R_{max} 对番茄 MDS 的直接作用最大,而 R_S 主要通过 R_{max} 对番茄的 MDS 产生间接作用。通过回归分析建立了包含 R_{max} 和 VPD_m 的 MDS 回归方程,经数值分析发现该方程可以准确地反映出番茄 MDS 的数值变化。国外有专家曾提出用 MDS 实测值与无水分亏缺条件下 MDS 预测值相比的办法来判断杏树是否受到水分胁迫,临界值为1,即比值大于1时表明杏树正在遭受水分胁迫。此方法亦可用于番茄,但考虑到番茄植株 MDS 存在很大的变异性(C_v),在具体使用时可以通过测定土壤含水量的方法做一个标定,然后确定出适宜的临界数值。此外,Gallardo 等曾指出在番茄快速生长期日生长量比 MDS 更能灵敏地反映出土壤水分变化,而 MDS 指标适用于番茄茎秆成熟期。

本研究所得结论是在对试验数据统计分析的基础上做出的,有明显的统计学意义,但实际上气象因子对番茄茎直径变化的影响要通过一定的生理通路来实现,而这些调节过程非常复杂,通过简单的直接作用或间接作用无法界定清楚。

参 考 文 献

[1] 孟兆江,段爱旺,刘祖贵,等.根据植株茎直径变化诊断作物水分状况研究进展[J].农业工程学报,2005(2):30-33.

[2] MOLZ F J, KLEPPER B. On the mechanism of water-stress-induced stem deformation[J]. Agronomy Journal, 1973,65:304-306.

[3] SO H B. An analysis of the relationship between stem diameter and leaf water potentials[J]. Agronomy Journal,1979,71:675-679.

[4] NAMKEN L N, BARTHOLIC J F, RUNKLES J R. Monitoring cotton plant stem radius as indication of water stress[J]. Agronomy Journal,1969,61:891-893.

[5] KLEPPER B, DOUGLAS B V, TAYLOR H M. Stem Diameter in Relation to Plant Water Status[J]. Plant Physiol, 1971,48:683-685.

[6] 余克顺,李绍华,孟昭清,等.水分胁迫条件下几种果树茎干直径微变化规律的研究[J].果树科学,1999,16(2):86-91.

[7] 雷水玲,孙忠富,雷廷武.温室内作物茎秆直径变化对基质含水率的响应[J].农业工程学报,2005,21(7):116-119.

[8] SATO N, HASEGAWA K. A computer controlled irrigation system for muskmelon using stem diameter sensor[J]. Greenhouse Environment Control and Automation, 1995:399.

[9] ORTUNO M F, GARCÍA-ORELLANA Y, CONEJERO W,et al. Relationships between climatic variables and sap flow, stem water potential and maximum daily trunk shrinkage in lemon trees[J]. Plant and Soil,2006,279:229-242.

[10] GALLARDO M, THOMPSON R B, VALDEZ L C. Use of stem diameter variations to detect plant water stress in tomato[J]. Irrigation Science, 2006,24:241-255.

[11] 王晓森,孟兆江,段爱旺,等.基于茎直径变化监测番茄水分状况的机理与方法[J].农业工程学报,2010,26(12):107-113.

[12] 张平,汪有科,湛景武,等.充分灌溉条件下桃树茎直径最大日收缩量模

拟[J].农业工程学报,2010,26(3):38-43.

[13] 李晓彬,汪有科,张平.充分灌溉下梨枣树茎直径动态变化及 MDS 影响因子的通径分析[J].农业工程学报,2011,27(4):88-93.

[14] 唐启义.DPS 数据处理系统[M].北京:科学出版社,2010.

[15] GOLDHAMER D A, FERERES E. Irrigation scheduling of almond trees with trunk diameter sensors[J]. Irrigation Science, 2004,23(1):11-19.

第六章　基于茎直径变化诊断番茄水分状况的指标筛选

目前,评价某个茎直径变化指标是否适合用于水分诊断主要从该指标与其他作物水分指标[如叶水势(ψ_L)、茎水势(ψ_{stem})的变异性(C_v)、信号强度(SI=处理值/参考值)、灵敏度(SS=SI/C_v)]的比较中来进行。其中,SI主要根据水分胁迫条件下数值(处理值)与充分灌溉条件下数值(参考值)的比值来计算。一个适合用于指导灌溉的作物水分监测指标要满足较小的变异(C_v)、较强的信号强度(SI)与灵敏度(SS)要求,使其能够灵敏地探知作物水分亏缺程度,稳定地反映作物水分状况。

第一节　材料与方法介绍

一、试验材料

日光温室试验在中国农业科学院农田灌溉研究所作物需水量试验场的日光温室中进行,试验地位于35°19′N,113°53′E,海拔73.2 m,多年平均气温14.1 ℃,无霜期210 d,日照时数2 398.8 h。试验所用温室(长40 m、宽8.5 m)东西走向,坐北朝南,覆盖无滴聚乙烯薄膜。试验地土质为沙壤土,耕层土壤密度为1.38 g/cm³,田间持水量为24%(质量含水量),地下水埋深大于5 m。日光温室试验以番茄为试材,于3月中旬移栽,品种为金顶一号,移栽前施干鸡粪、三元复合肥、尿素作为底肥,移栽后立即灌活苗水,灌水至田间持水量。

二、试验方法

本次试验于秋季 8 月 22 日至 10 月 15 日进行。试验用小区宽 1 m、长 7.5 m,双行种植,行距 45 cm,株距 30 cm。为方便观测记录及防止土壤水分侧渗,特在小区间留有 20 cm 间距。移栽前施干鸡粪 20 t/hm²、三元复合肥(N、P₂O₅ 和 K₂O 的含量分别为 12%、18% 和 15%)675 kg/hm²、尿素(含 N 46%)225 kg/hm² 作为底肥,在番茄开花坐果期随灌溉水追施尿素 225 kg/hm²。土壤水分测定采用取土烘干法为主并辅以时域反射仪(TDR)。供水方式为滴灌,水表计量,计划湿润层为 40 cm。

本次试验番茄处于花果期,处理共有 2 组,即充分灌溉区(T0处理)与水分胁迫区(T1 处理)。充分灌溉区保持充分灌水,当土壤水分降至田间持水量的 90% 时灌水至田间持水量,而水分胁迫区则在 8 月 23 日至 9 月 12 日试验进行期间停止供水,使其土壤水分自然下降,9 月 13 日试验结束时恢复灌水,然后保持充分灌溉直到生育期结束。试验精心挑选株高、茎粗、荷载较为一致的番茄植株参与测试,目的是减少变异对试验结果的影响。

三、测定项目与方法

(1)茎直径变化测定:用 DD 型直径生长测量仪定点定株连续监测茎直径变化。

(2)日最大收缩量(MDS):MDS 计算方法如式(1-1)所示,MDS 的计算为同一天的最大茎直径(MXSD)减去最小茎直径(MNSD)。

(3)日生长量(DI):DI 计算方法如式(1-2)所示,而 DI 则为后一天的 $MXSD_j$ 数值减去前一天的 $MXSD_i$ 数值。

(4)叶水势:采用 Model1000 型植物压力室,选植株最上部的完全叶测定。黎明叶水势 $\psi_{Leaf-pre}$ 测定时间为测定日 06:00 左右。

(5)茎水势:采用 Model1000 型植物压力室,选植株靠近茎秆处的完全叶测定,测试前用铝箔纸包裹该叶片及叶柄 1 h,正午叶水势 ψ_{md} 测定时间为测定日 12:00~13:00。

(6)土壤含水量:采用土壤水分传感器(EC-5)测定,土壤水分传感器每 20 cm 埋设 1 个,共 5 层,埋至 1 m。

(7)气象因子观测:空气温度、湿度、作物冠层温度、太阳辐射等指标,由温室内自动气象站获得。

(8)空气饱和差(VPD):VPD 由修正的彭曼公式计算获得,具体计算公式如式(2-1)、式(2-2)所示。

第二节　试验期间土壤水分及气象因子变化

本次水分胁迫试验共持续 21 d,时间从 8 月 23 日至 9 月 12 日,胁迫区(T1 处理)土壤水分从 90%的土壤相对含水量下降至 55%的土壤相对含水量,9 月 13 日恢复灌水;控制区(T0 处理)保持充分灌水,土壤水分维持在90%FC~100%FC,各处理土壤相对含水量变化如图 6-1 所示。

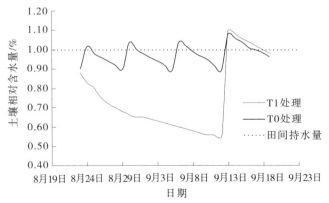

图 6-1　试验期间控制区(T0 处理)和胁迫区(T1 处理)土壤水分变化

图 6-2 为试验期间温室主要气象因子 R_{max}、VPD_m、T_{max} 和 H_{min} 的变化。试验期间除 8 月 27 日天气阴转晴,8 月 31 日和 9 月 11 日

阴雨天气外，其他时间天气状况良好。阴雨天光照减弱辐射数值较小，室内空气湿度接近饱和。试验期间室内 T_{max} 保持在 29~41 ℃，最高温差在 15 ℃左右。

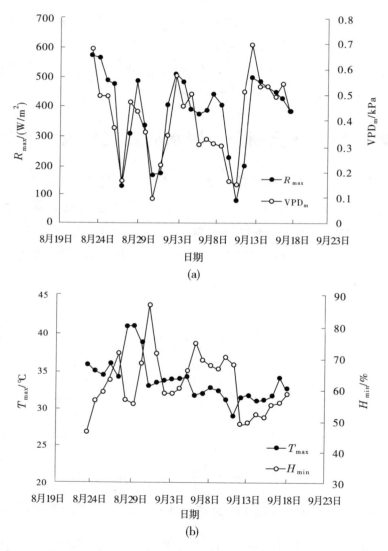

图 6-2　试验期间温室主要气象因子变化

第三节　茎直径变化指标灵敏度分析

　　试验期间茎直径变化指标日最大收缩量(MDS)和日生长量(DI)变化如图 6-3(a)、(b)所示,胁迫区(T1 处理)从 8 月 23 日取消灌水后,其土壤水分持续下降,至 8 月 26 日土壤相对含水量下降至 75%FC 时,对照区(T0 处理)与胁迫区的 MDS 数值产生差异,胁迫区 MDS 数值逐渐大于对照区 MDS 数值,之前两处理 MDS 数值并无差异。至 8 月 28 日土壤水分降至 70%的土壤相对含水量时,胁迫区与对照区 MDS 差异达显著水平($p<0.05$),之后这种数值差异一直维持。9 月 13 日胁迫区恢复灌水后与对照区 MDS 数值又逐渐趋于一致。在此期间,8 月 31 日和 9 月 11 日由于处于阴雨天气,蒸腾作用很弱,无论是对照区还是胁迫区 MDS 数值均非常小,差异也不显著。对于茎粗生长指标 DI,9 月 3 日以前为营养生长期,此时的番茄以株高、茎粗的快速生长为主, DI 数值较大;9 月 3 日以后,番茄逐渐进入营养生长与生殖生长并重时期,此时番茄 DI 数值较小。试验结果显示,试验期间胁迫区与对照区 DI 的差异并不显著,这主要是因为番茄茎粗生长的差异性。试验结果表明,由于番茄植株生长的差异性,水分胁迫只是导致胁迫区番茄在收缩量上大于对照区番茄,而对茎粗的自然生长影响并不显著,这一点与 Gallardo 的发现存在差异,因此 MDS 比 DI 更适合作为水分诊断指标。

　　试验期间番茄黎明叶水势($\Psi_{\text{Leaf-pre}}$)与正午茎水势($\Psi_{\text{Stem-mid}}$)测定结果如图 6-3(c)、(d)所示,随着水分胁迫的加重,无论是叶水势还是茎水势,胁迫区水势逐渐大于对照区水势数值,只是在反映胁迫的时间上存在差异。番茄黎明叶水势测试出的胁迫与对照产生差异的时间为 8 月 27 日,产生显著差异($p<0.05$)的时间为 8 月 29 日,时间上均晚于 MDS 指标,灵敏度不及茎直径变化指标 MDS;而正午茎水势能够测出和产生显著差异的时间均与 MDS 相同,二者

在反映水分胁迫的灵敏度上较为一致,但在测试方法的难易性上和可实现的自动化程度上茎直径变化比正午茎水势测定更有优势。9月13日恢复灌水后,无论是叶水势还是茎水势对照区与胁迫区处理数值趋于一致。

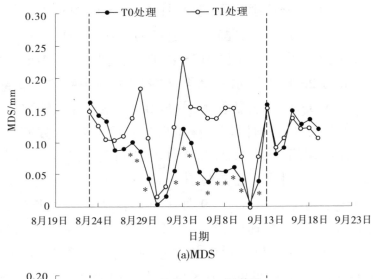

(a)MDS

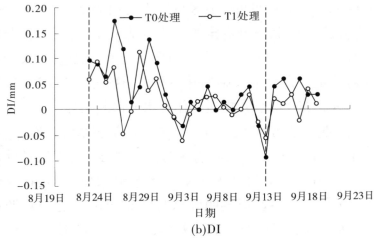

(b)DI

图 6-3　不同处理 MDS、DI、$\Psi_{Leaf-pre}$ 和 $\Psi_{Stem-mid}$ 变化

(注:*表示 T0 处理和 T1 处理间差异显著)

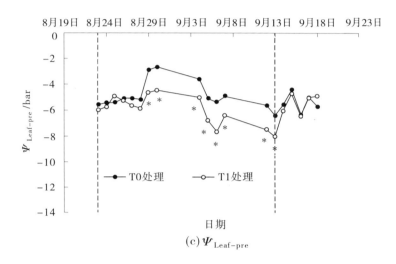

(c) $\Psi_{\text{Leaf-pre}}$

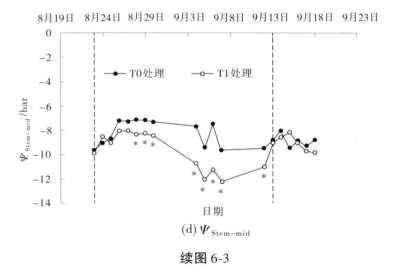

(d) $\Psi_{\text{Stem-mid}}$

续图 6-3

MDS 与黎明叶水势（$\Psi_{\text{Leaf-pre}}$）和正午茎水势（$\Psi_{\text{Stem-mid}}$）回归分析如图 6-4 所示。通过回归分析发现，黎明叶水势和正午茎水势与 MDS 均呈极显著负相关（$p<0.01$），即 MDS 数值随水势数值的增大而减小，但从回归关系式的决定系数来看，MDS 与正午茎水势的决定系数较大，相关性较好，而与黎明叶水势的决定系数较小，相关性较差。

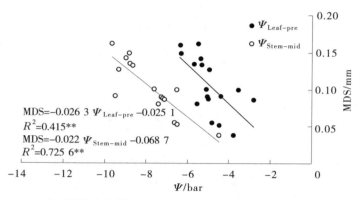

图 6-4　MDS 与黎明叶水势($\Psi_{\text{Leaf-pre}}$)和正午茎水势($\Psi_{\text{Stem-mid}}$)回归分析

（注：＊＊代表决定系数在 $p<0.01$ 水平下达极显著水平）

第四节　茎直径变化指标稳定性分析

为了找出 MDS、黎明叶水势($\Psi_{\text{Leaf-pre}}$)和正午茎水势($\Psi_{\text{Stem-mid}}$)作为水分诊断指标的优缺点,本书对这 3 项指标在灵敏度、信号强度、变异性三方面进行了比较。如图 6-5 所示,从信号强度(SI)来看,胁迫期间 MDS 的 SI 数值处于 1.15~3.63;而 $\Psi_{\text{Leaf-pre}}$ 与 $\Psi_{\text{Stem-mid}}$ 的 SI 数值均处于 1.10~1.60, MDS 在反映胁迫的信号强度上比 $\Psi_{\text{Leaf-pre}}$ 与 $\Psi_{\text{Stem-mid}}$ 更大、更清楚,便于后续的胁迫分级管理。DI 的 SI 数值则是围绕数值 1 上下变动,无法准确分辨出处理是否有水分胁迫发生。如表 6-1 所示,从变异性(C_v)来看, $\Psi_{\text{Stem-mid}}$ 为 15% 时最小,其次为 $\Psi_{\text{Leaf-pre}}$ 18%,而 MDS 最大为 22%;从稳定性上来看,MDS 的数值最大为 16.50,其次是 $\Psi_{\text{Stem-mid}}$ 为 10.67,最后是 $\Psi_{\text{Leaf-pre}}$ 为 8.89。通过以上三方面的比较,尽管 MDS 在变异性上存在劣势,但由于其较强的信号强度,在稳定性上仍然是最好的。此外,茎直径变化指标可以通过传感器自动监测连续获得,这一优点无论是通过叶水势还是茎水势测试都是无法获得的。通过以上三方面的分析,

MDS 作为水分诊断指标更加合适。

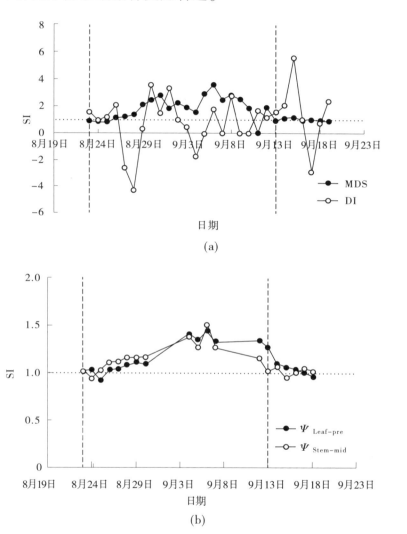

(a)

(b)

图 6-5　日最大收缩量（MDS）、日生长量（DI）、黎明叶水势（$\Psi_{\mathrm{Leaf-pre}}$）和
正午茎水势（$\Psi_{\mathrm{Stem-mid}}$）的稳定性

表 6-1　各水分诊断指标信号强度、噪声和稳定性对比

项目	MDS	$\Psi_{\text{Leaf}-pre}$	$\Psi_{\text{Stem}-mid}$
信号强度	3.63	1.60	1.60
噪声(C.V.)	0.22	0.18	0.15
信号强度/噪声	16.50	8.89	10.67

第五节　结论与讨论

通过本次试验发现,当土壤水分降至 75%FC 时,胁迫条件下 MDS 与充分灌溉条件下的 MDS 数值会产生差异,一些文献显示,75%FC 为番茄适宜含水量的下限,当低于此含水量时,番茄即需要灌溉,这在实际应用过程中,当实测 MDS 数值与预测值产生差异时就需要对番茄进行灌溉,具体的灌水量可按 70%FC 确定,从而实现基于番茄茎直径变化指标的精准灌溉。

本次通过试验发现番茄茎直径变化指标 MDS 具有较好的灵敏度、信号强度和稳定性,适合用于水分诊断。试验期间胁迫区与对照区 DI 的差异并不显著,这主要是因为番茄茎粗生长的差异性。试验结果表明,由于番茄植株生长的个体差异性,水分胁迫只是导致胁迫区番茄在收缩量上大于对照区番茄,而对茎粗的自然生长影响并不显著,这一点与 Gallardo 的发现存在差异。因此,MDS 比 DI 更适合作为水分诊断指标。但应用该指标时需注意两个问题:其一是气象因素对数值干扰的问题,其二是变异性问题。针对第一个问题,本书提出以实测值与参考值相比较的办法来消除气象因子干扰,并在本书第五章第四节分别得出温室番茄春夏季和秋冬季 MDS 参考值计算公式。而对于第二个问题,有文献显示不同茎粗、荷载对其 MDS 数值是有影响的,在实际测试中应精心挑选株高、茎粗、

荷载较为一致的番茄植株进行测试,以减小数值变异对监测结果的影响。此外,应用该指标进行水分诊断时最好在晴好的天气进行,阴雨天该指标数值较小,且胁迫区与充分灌溉区的差异也不显著,不能很好地辨别番茄是否受到水分胁迫。

参 考 文 献

[1] 李合生.现代植物生理学[M].北京:高等教育出版社,2004.

[2] 李绍华,HUGUER J G.植物器官体积微变化与果树自动灌溉[J].果树科学,1993,10(S1):15-19.

[3] 雷水玲,孙忠富,雷廷武.温室内作物茎秆直径变化对基质含水率的响应[J].农业工程学报,2005,21(7):116-119.

[4] 孟兆江,段爱旺,刘祖贵,等.根据植株茎直径变化诊断作物水分状况研究进展[J].农业工程学报,2005(2):30-33.

[5] 王晓森,孟兆江,段爱旺,等.基于茎直径变化监测番茄水分状况的机理与方法[J].农业工程学报,2010,26(12):107-113.

[6] 王晓森,刘祖贵,刘浩,等.番茄茎直径MDS的通径分析与数值模拟[J].农业机械学报,2012,43(8):187-192.

[7] 王晓森,孟兆江,段爱旺,等.充分灌溉和干旱胁迫对棉花茎直径变化的影响[J].灌溉排水学报,2009,28(5):75-78.

[8] 王晓森,孟兆江,段爱旺,等.温室茄子不同生育期茎直径变化特征及其与气象因子的关系[J].干旱地区农业研究,2010,28(4):106-111.

[9] 余克顺,李绍华,孟昭清,等.水分胁迫条件下几种果树茎干直径微变化规律的研究[J].果树科学,1999,16(2):86-91.

[10] 王忠.植物生理学[M].北京:中国农业出版社,2000.

[11] ASHRAF A, XAVIER A, ROBERT S,et al. Evaluation of the response of maximum daily shrinkage in young cherry trees submitted to water stress cycles in a greenhouse[J]. Agricultural Water Management,2013, 118:150-158.

[12] CUEVASA M V, TORRES-RUIZA J M, ÁLVAREZB R, et al. Assessment

of trunk diameter variation derived indices as water stress indicators in mature olive trees [J]. Agricultural Water Management, 2010, 97: 1293-1307.

[13] CONEJERO W, ORTUNO M F, MELLISHO C D, et al. Influence of crop load on maximum daily trunk shrinkage reference equations for irrigation scheduling of early maturing peach trees[J]. Agricultural Water Management, 2010 ,97:333-338.

[14] FERNANDEZ J E, CUEVAS M V. Irrigation scheduling from stem diameter variations: A review[J]. Agricultural and Forest Meteorology , 2010, 150: 135-151.

[15] GALLARDO M, THOMPSON R B, VALDEZ L C. Use of stem diameter variations to detect plant water stress in tomato [J]. Irrigation Science, 2006,24:241-255.

[16] INTRIGLIOLO D S, PUERTOB H, BONETC L, et al. Usefulness of trunk diameter variations as continuous water stress indicators of pomegranate (Punica granatum) trees[J]. Agricultural Water Management, 2011, 98: 1462-1468.

[17] MORIANA A, GIRÓN I F, MARTÍN-PALOMO M J, et al. New approach for olive trees irrigation scheduling using trunk diameter sensors [J]. Agricultural Water Management, 2010, 97: 1822-1828.

[18] ORTUNO M F, BRITO J J, GARCÍA-ORELLANA Y, et al. Maximum daily trunk shrinkage and stem water potential reference equations for irrigation scheduling of lemon trees[J]. Irrig. Sci. ,2009,27:121-127.

[19] ORTUNO M F, GARCÍA-ORELLANA Y, CONEJERO W, et al. Relationships between climatic variables and sap flow, stem water potential and maximum daily trunk shrinkage in lemon trees[J]. Plant and Soil,2006,279: 229-242.

[20] WANG X S, MENG Z J, CHANG X, et al. Determination of a suitable indicator of tomato water content based on stem diameter variation [J]. Scientia Horticulturae,2017,215:142-148.

第七章　应用茎直径变化指标指导
灌溉的方法研究

　　应用茎直径变化指标监测作物水分状况并指导灌溉,首要的问题是确定合理的茎直径变化指标。综合国内外有关文献资料,主要有以下几种观点:有研究者认为茎直径恢复时间可以作为指导灌溉的指标,理由是作物茎秆收缩后在不同的土壤含水量条件下恢复的时间不同,土壤水分越高,恢复时间越短;土壤水分越低,恢复时间越长。还有人提出 RSD 的概念,即用一天中某一时刻的茎直径与这一天 00:00~05:00 的平均茎直径的比值作为是否灌水、灌多少水的依据等。通过前面章节的研究发现,在番茄生长发育的中、后期茎直径变化指标 MDS 和土壤含水量、作物生理指标、气象因子等都有很好的响应关系,是一个适合指导灌溉的茎直径变化指标。单纯依靠茎直径变化指标 MDS 进行灌水方案的制订在实际应用中面临一些问题:其一是较大的株间变异性(C_v)的问题,C_v 值越大,监测传感器布设的数量就会增多,监测成本就会增加;其二是如何解决气象因子对实测数值干扰的问题,因为同一土壤水分条件下,若气象因素不同,所测得的 MDS 数值就不同,从而引起灌水方案制订上的混乱。本章论述内容主要围绕如何通过技术手段减少以上两方面问题对番茄正常水分信息采集的干扰来加以论述,最后提出了一种基于茎直径变化智慧灌溉系统的构成。

第一节　材料与方法介绍

一、试验材料

　　日光温室试验在中国农业科学院农田灌溉研究所作物需水量

试验场的日光温室中进行,试验地位于 35°19′N,113°53′E,海拔 73.2 m,多年平均气温 14.1 ℃,无霜期 210 d,日照时数 2 398.8 h。试验所用温室(长 40 m、宽 8.5 m)东西走向,坐北朝南,覆盖无滴聚乙烯薄膜。试验地土质为沙壤土,耕层土壤密度为 1.38 g/cm³,田间持水量为 24%(质量含水量),地下水埋深大于 5 m。日光温室试验以番茄为试材,于 3 月中旬移栽,品种为金顶一号,移栽前施干鸡粪、三元复合肥、尿素作为底肥,移栽后立即灌活苗水,灌水至田间持水量。

二、试验方法

试验以桶栽和小区试验相结合,桶栽试验采用桶栽土培法,装土前在桶的底部铺有细砂,目的在于调节桶中土壤的通气状况;在桶的两侧预置直径为 5 cm 的 PP 管,长度略高于桶深,在管的下方周围打有小孔,并用纱窗布包裹,灌水时从 PP 管管口灌入通过小孔渗入桶内,可使灌水均匀,并防止土壤表面水分过量蒸发和土壤板结。在番茄的不同的生长发育阶段进行土壤水分处理,土壤水分控制下限一般取田间持水量的 80%、70%、60% 和 50%。桶栽土壤水分的控制采取整桶称重法,依靠实际桶重与设置土壤水分下限的桶重的差异进行灌水,灌水时用量杯量水以确保灌水量的精确性。试验精心挑选相同土壤水分但不同株高、茎粗、荷载的番茄植株参与测试,测试其对茎直径变化指标变异性(C_v)的影响。基于不同土壤水分条件下茎直径变化指标实测值和充分灌溉条件下预测值的比值总结出指标数值标准化的方法及值阈范围。

三、测定项目与方法

(1)茎直径变化测定:用 DD 型直径生长测量仪定点定株连续监测茎直径变化。

(2)日最大收缩量(MDS):MDS 计算方法如式(1-1)所示,MDS

的计算为同一天的最大茎直径(MXSD)减去最小茎直径(MNSD)。

(3)土壤含水量:采用整桶称重法控制,灌水时用量杯量水以确保灌水量的精确性。

(4)气象因子观测:空气温度、湿度、作物冠层温度、太阳辐射等指标,由温室内自动气象站获得。

(5)空气饱和差(VPD):VPD 由修正的彭曼公式计算获得,具体计算公式如式(2-1)、式(2-2)所示。

第二节　茎直径变化指标变异性分析

一、茎直径变化指标 MDS 变异性分析

通过对番茄不同茎粗、不同荷载等生物因子对其茎直径变化指标 MDS 影响的研究发现,番茄 MDS 主要受其叶面积、果实数等荷载因子影响较大,叶面积或果实数越多,MDS 数值越大,图 7-1 所示为 MDS 与番茄植株叶面积的关系。这就要求在安装茎直径变化传感器时要精心挑选株高、茎粗、荷载、长势较为一致的植株进行测试,以减少株间变异对测试结果的影响。此外,作物茎秆上部的茎直径变化幅度大于基部的茎直径变化幅度,但不够稳定。因此,选择作物茎秆基部离地面 10 cm 左右安装茎直径变化传感器较为合适。

二、茎直径变化传感器布设数量分析

通过对番茄三个生育期 MDS 的统计分析发现,其变异系数 C_v 值均在 20% 左右甚至更高,这就为下一步基于 MDS 的灌溉指标体系的确定带来了很大的困难,因为制定的值域范围稳定性、通用性差。为此,本书引入了 MDS 平均值(AMDS)的概念,即用同一土壤

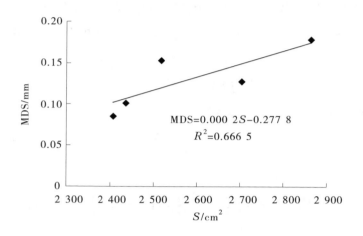

图 7-1　MDS 与番茄植株叶面积的关系

水分条件下长势、形态基本一致的几株作物 MDS 的平均值来代表监测区域内作物的 MDS。但现在的问题是究竟用几株作物的 MDS 平均值最好呢？由前面的研究结果已知，一定土壤水分范围内作物的 MDS 和气象因子与辐射有较好的相关性，那么就可以比较 AMDS 与辐射的相关性来决定用几株作物的 MDS 的均值最好，使得监测尽可能用最少的探头数，又能有效地缩小株间变异性。图 7-2 所示为 AMDS 与辐射的回归分析结果，图例显示的是不同传感器数目，从 2 个茎直径变化传感器的均值到 6 个茎直径变化传感器的均值，回归关系式及决定系数见表 7-1。由相关分析可以看出，番茄 AMDS 与辐射的相关性随着所用探头数目的增加而增强，当探头数目增加至 4 个时，AMDS 与辐射回归方程的决定系数达到 0.9 以上，此时如果再增加探头数目，其决定系数就上升得很慢，且增加了整个系统的监测成本。如果对 4 个探头为一组监测单元的 AMDS 进行变异性分析，发现其 C_v 值在 5% 左右，有效地解决了 MDS 株间变异的问题，提高了监测结果的代表性。

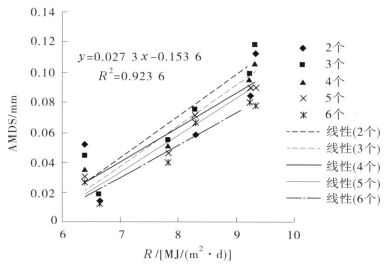

图 7-2　AMDS 与辐射的关系

表 7-1　AMDS 与辐射回归关系式统计

探头数目/个	回归关系式	决定系数
2	$y = 0.023\ 0x - 0.120\ 8$	$R^2 = 0.713\ 1$
3	$y = 0.027\ 6x - 0.150\ 7$	$R^2 = 0.876\ 3$
4	$y = 0.027\ 3x - 0.153\ 6$	$R^2 = 0.923\ 6$
5	$y = 0.024\ 8x - 0.140\ 2$	$R^2 = 0.928\ 5$
6	$y = 0.021\ 8x - 0.122\ 6$	$R^2 = 0.928\ 8$

按照经典统计学原理公式：

$$n = \lambda_{af}^2 (\sigma / k\mu)^2 \qquad (7-1)$$

式中　k——取样精度，可根据需要分别取为 5%、10%、15% 等；

　　　μ——样本均值；

　　　σ——方差，在实际工作中，总体方差 σ 是未知的，须用样本方差 S 代替；

λ_{af}——t 分布的特征值,可由 t 分布表查取获得。

从式(7-1)中可知,探头数目的多少取决于置信水平与所要求的精度。

在随机抽样过程中作物 MDS 变异性较大,置信水平为 90% 的条件下需布设 8~10 个茎直径变化传感器,而如果挑选茎粗、长势较为一致的植株测试则变异性可缩小至 7% 左右,这时布设茎直径变化传感器的数量只需 3~4 个,与 4 个探头为一组监测单元的 AMDS 法确定茎直径变化传感器布设数量一致。

第三节　茎直径变化指标 MDS 数值标准化方法

影响番茄茎直径收缩的因子不只是土壤含水量,还有气象因素的作用,同一土壤水分条件下的番茄 MDS 在不同气象条件下的数值往往有较大的差异。这就要求基于 MDS 的水分诊断指标具有排除气象因子干扰,稳定地反映根区土壤水分状况的特性。于是,有学者提出将茎直径变化指标标准化的方法,即用茎直径变化数值除以 VPD_m(空气饱和差日均值)所得的数值作为是否灌水、灌多少水的依据,其实就是单位 VPD_m 所造成的茎直径变化,因为土壤水分越低,单位 VPD_m 所造成的茎直径变化就越大,其本质也是想把气象条件考虑进去。但从对番茄盛果期 MDS 与气象因子的相关性分析来看,当 VPD 和辐射的变化趋势不一致时,VPD 和 MDS 相关性并不密切;再者影响茎直径变化的气象因子不止 VPD,重要的还有诸如辐射、空气相对湿度等因子。

本项试验研究发现,不同土壤水分条件下的番茄 MDS 的变化趋势是一致的,都与同期气象条件的变化关系密切,且能够反映出土壤水分梯度的差异。因此,用 MDS 的实测值(MDS_{OBS})与充分供水条件下 MDS 的预测值(MDS_{EST})进行比较,得出相对变化数值 S,既考虑了作物实际水分状况,又考虑了气象因素的作用,可以作为水分诊断的标准值来用,其中充分灌水条件下的 $\mathrm{MDS_{EST}}$ 数值的计算,对于春夏季和秋冬季温室番茄分别用式(7-3)和式(7-4)计算得出:

$$S = \mathrm{MDS_{OBS}}/\mathrm{MDS_{EST}} \tag{7-2}$$

$$\mathrm{MDS_{EST}} = 0.000\ 257 R_{\max} + 0.030\ 240 \mathrm{VPD_m} - 0.004\ 620 \tag{7-3}$$

$$\mathrm{MDS_{EST}} = 0.000\ 106\ 47 R_{\max} + 0.160\ 22 \mathrm{VPD_m} - 0.023\ 57 \tag{7-4}$$

式中　　$R_{\max}$——日辐射峰值,$\mathrm{W/m^2}$;

　　　　$\mathrm{VPD_m}$——空气饱和差日均值,kPa;

　　　　MDS——日最大收缩量,mm。

通过计算得出的不同土壤水分状况温室番茄 S 值范围如表 7-2 所示。对于番茄来讲,75%FC 也是其适宜土壤含水量,当 S 值超过 1.5 时即可考虑灌溉。

表 7-2　番茄 S 值与土壤含水量对照

项目	数值范围		
土壤相对含水量/%	≥75	75~65	65~55
S 值	≤1.5	1.5~3.0	3.0~4.5

第四节　基于茎直径变化智慧灌溉系统的构成

未来的基于茎直径变化指标的智慧灌溉系统大致分为几部分: 3~4 个探头为一组的茎直径变化传感器单元、数据采集器、一台 PC 机(个人计算机)或灌溉控制器、自动气象站、智慧灌溉控制单元等,具体的系统拓扑图如图 7-3 所示。工作时传感器单元完成对作物水分信息的实时采集并发送至数据采集器;数据采集器将数据发送至 PC 机或灌溉控制器;自动气象站采集气象数据并发送至 PC 机或灌溉控制器;PC 机或灌溉控制器完成相应算法,如各探头监测植株 MDS 的计算及平均值的求取;由自动气象站采集的气象数据计算出辐射峰值($R_{\max}$),空气饱和差日均值(VPD_m),根据输入的公式完成对无水分胁迫条件下的作物茎直径变化指标预测值(MDS_{EST})的计算,根据茎直径变化的实测数值(MDS_{OBS})和预测数值(MDS_{EST})计算标准值(S)等;PC 机或灌溉控制器根据计算得出的 S 数值完成对智慧灌溉控制单元的动作控制等。

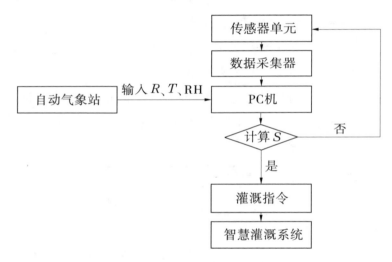

图 7-3　基于茎直径变化指标的智慧灌溉系统拓扑图

第五节　结论与讨论

应用茎直径变化诊断作物水分状况时遇到的一大难题就是其较大的株间变异性。当运用单株数据时,其变异有时超过 20%,增加对作物体内水分状况误判的概率,给使用造成困难。但本项试验研究发现,运用几个探头的均值可以有效地减小这种变异性,对 4 个探头为一组监测单元的 MDS 均值进行变异分析,发现其变异性可以控制在 5% 左右,为具体监测指标的设定奠定了基础。另外,探头安放位置对于监测结果也会产生很大的影响,要力求安装在同一高度,安装前要对植株进行翔实的调查,如株高、茎粗、主要分枝处高度等,选出生长形态、生理比较一致的植株进行测定以提高数据的代表性,降低变异。另外,探头的装卡力度也很重要,力度过大影响茎秆的正常恢复,从而影响正常的数值读取。

　　MDS 的实测值与充分供水条件下的预测值进行比较,得出的标准化数值 S 既考虑了作物实际水分状况,又考虑了气象因素的作用,可以作为水分诊断的值阈范围来用。对于番茄来讲,75%FC 也是其适宜土壤含水量,当 S 值超过 1.5 时,即可以考虑灌溉。

　　本章提出了一种基于茎直径变化指标的智慧灌溉系统,它由传感器单元、数据采集器、PC 机或灌溉控制器、自动气象站、智慧灌溉控制单元等部件构成,并结合系统构成提出了相应的算法。该系统虽能解决基于茎直径变化指标的智慧灌溉问题,但结构有些庞杂,后期需根据需要整合出一体化的控制单元来实现相应功能,从而降低成本,实现效益增值的最大化。

参 考 文 献

[1] 雷水玲,孙忠富,雷廷武.温室内作物茎秆直径变化对基质含水率的响应[J].农业工程学报,2005,21(7):116-119.

[2] 王晓森,孟兆江,段爱旺,等. 基于茎直径变化监测番茄水分状况的机理与方法[J]. 农业工程学报,2010,26(12):107-113.

[3] 王晓森,刘祖贵,刘浩,等.番茄茎直径 MDS 的通径分析与数值模拟[J].农业机械学报,2012,43(8):187-192.

[4] 张平,汪有科,湛景武,等.充分灌溉条件下桃树茎直径最大日收缩量模拟[J].农业工程学报,2010,26(3):38-43.

[5] 张寄阳,段爱旺,孟兆江,等.不同水分状况下棉花茎直径变化规律研究[J].农业工程学报,2005(5):7-11.

[6] 张寄阳,段爱旺,孟兆江,等. 基于茎直径微变化的棉花适宜灌溉指标初步研究[J]. 农业工程学报,2006(12):86-89.

[7] 张琳琳,汪有科,韩立新,等. 梨枣花果期耗水规律及其与茎直径变化的相关分析[J]. 生态学报,2013,33(3):0907-0915.

[8] CONEJERO W, ORTUNO M F, MELLISHO C D, et al. Influence of crop load on maximum daily trunk shrinkage reference equations for irrigation scheduling of early maturing peach trees[J]. Agricultural Water Management, 2010,97:333-338.

[9] CONEJERO W, MELLISHO C D, ORTUNO M F, et al. Establishing maximum daily trunk shrinkage and midday stem water potential reference equations for irrigation scheduling of early maturing peach trees[J]. Irrig. Sci. ,2011,29: 299-309.

[10] GOLDHAMER D A, FERERES E. Irrigation scheduling of almond trees with trunk diameter sensors[J]. Irrig. Sci. ,2004, 23: 11-19.

[11] GOLDHAMER D A, FERERES E. Irrigation scheduling protocols using continuously recorded trunk diameter measurements[J]. Irrig. Sci. ,2001, 20:115-125.

[12] MORIANA A, MORENO F, GIRON I F, et al. Seasonal changes of maximum daily shrinkage reference equations for irrigation scheduling in olive trees: Influence of fruit load[J]. Agricultural Water Management, 2011, 99: 121-127.

[13] PÉREZ-LÓPEZA D, PÉREZ-RODRÍGUEZC J M, MORENOD M M, et al. Influence of different cultivars-locations on maximum daily shrinkage indicators: Limits to the reference baseline approach[J]. Agricultural Water Management, 2013, 127: 31-39.

[14] SATO N, HASEGAWA K. A computer controlled irrigation system for muskmelon using stem diameter sensor[J]. Greenhouse Environment Control and Automation, 1995(2):399-405.

[15] WANG X S, MENG Z J, CHANG X, et al. Determination of a suitable indicator of tomato water content based on stem diameter variation[J]. Sci-

entia Horticulturae,2017,215:142-148.

[16] FERNÁNDEZ J E, GREEN S R, CASPARI H W, et al. The use of sap flow measurements for scheduling irrigation in olive, apple and Asian pear trees and in grapevines[J]. Plant Soil,2008,305:91-104.

[17] FERNANDEZ J E, CUEVAS M V. Irrigation scheduling from stem diameter variations: A review[J]. Agricultural and Forest Meteorology , 2010, 150: 135-151.

[18] FERNANDEZ J E, RODRIGUEZ-DOMINGUEZ C M, PEREZ-MARTIN A, et al. Online-monitoring of tree water stress in a hedgerow olive orchard using the leaf patch clamp pressure probe[J]. Agricultural Water Management,2011,100:25-35.

第八章　灌水下限与底肥施用对温室番茄产量和品质的调控效应

番茄营养丰富、味道鲜美,在我国被大面积种植,其中相当一部分种植在日光温室中。目前,温室番茄水肥管理大多以高水高肥为主,易引起环境污染,加重我国日益严重的水资源短缺问题。此外,随着生活水平的提高,人们越来越注重番茄的营养品质和风味口感。国内已有研究大多是通过因子旋转组合设计试验方案,经过系统试验和数据分析确定出优化后的灌水施肥指标及其边界条件,所用肥料为专一的氮、磷、钾肥,这对科学配方施肥是很有帮助的,但结论差异性很大。我国农业生产中大量使用的底肥是三元复合肥,复合肥具有养分高、副成分少且物理性状好,施用过程简单、节省人力等优点,但复合肥作为底肥对温室番茄产量、品质影响的相关研究鲜见。为此,以复合肥作为底肥,以农民易于掌握的灌水下限作为水分控制指标,探求二者结合对温室番茄产量、品质的调控作用,为今后我国温室番茄生产提供简单易行的水肥管控模式。

第一节　材料与方法介绍

一、试验材料

试验于 2013 年 3～7 月在中国农业科学院农田灌溉研究所作物需水量试验场日光温室($35°19'N$,$113°53'E$,海拔 73.2 m)中进行,试验地多年平均气温为 14.1 ℃,无霜期为 210 d,日照时间为 2 398.8 h。试验所用温室(长 40 m、宽 8.5 m)东西走向,坐北朝南,覆盖无滴聚乙烯薄膜。试验地土质为沙壤土,耕层土壤密度为 1.38

g/cm^3,田间持水量为24%(质量含水量),土壤有机质、全氮质量分
数分别为19.8 g/kg、0.94 g/kg,碱解氮、速效磷、速效钾质量分数分
别为13.34 mg/kg、83.11 mg/kg、95.62 mg/kg,pH值为7.1。

　　试验采用桶栽土培法,测桶为圆柱形,分内桶和外桶。内桶直
径40 cm,外桶直径41 cm,深均为60 cm,有底。内桶置于外桶内埋
于地下,上沿高出地面5 cm。装土前,在桶的底部铺有细砂,目的在
于调节桶中土壤通气状况。在桶的两侧预置直径为5 cm的PP管,
长度略高于桶深,在管的周围插有小孔,灌水时水从PP管管内灌
入,通过小孔进入桶内用于均匀灌水,防止土壤表面水分过量蒸发
和土壤板结。每桶装28.12 kg干土和200 g干鸡粪混合均匀。番
茄所用品种为金顶一号,先用基质育苗,于2013年3月底移栽,每
桶1株,行距、株距均为40 cm。试验所用底肥为三元复合肥,含N、
P_2O_5和K_2O的量分别为13%、17%和15%,为豫北地区常用复合肥
配比。番茄花期追施尿素130 kg/hm²(含N量60 kg/hm²),依据测
桶面积换算每桶施入量。

　　二、试验方法

　　试验共设3个灌水下限,即85%FC、65%FC、45%FC,分别记为
T0处理、T1处理、T2处理,当桶内土壤含水量低于灌水下限时,灌
水至上限,上限均为田间持水量。底肥水平设高、中、低3个水平,
分别记为H处理、M处理、L处理,以当地常用水平960 kg/hm²(N、
P_2O_5、K_2O含量分别为125 kg/hm²、163 kg/hm²、144 kg/hm²)作为中
水平,高水平为中水平的2倍,即1 920 kg/hm²,低水平则为中水平
的1/2,即480 kg/hm²,依据测桶面积换算每桶施肥量,随桶栽装土
时均匀施入。不同灌水下限与底肥水平组合共有9个,分别为:高
水高肥(T0H)、高水中肥(T0M)、高水低肥(T0L)、中水高肥
(T1H)、中水中肥(T1M)、中水低肥(T1L)、低水高肥(T2H)、低水

中肥(T2M)和低水低肥(T2L)。此外,为考察单纯高水分对该地区番茄生长的影响,特增设 1 个不施底肥的处理 T0(85%FC 作为控制下限)。试验处理共有 10 个,采用随机区组设计,重复 3 次。

三、测定项目与方法

(1)土壤含水量:采用整桶称质量法测定土壤水分。

(2)光合速率(P_n)、蒸腾速率(T_r)、气孔导度(Con):于番茄花果期 5 月 13 日灌水前及 5 月 14 日灌水后,选取番茄各处理顶部完全展开叶,于 10:00~12:00 采用 Li-6400 测定番茄叶片生理指标。

(3)产量:每次采摘后,采用电子称称量番茄产量。

(4)干物质:于生育后期,采集地上部与地下部生物量,在 105 ℃下杀青 0.5 h,然后在 80 ℃下烘至恒质量后称取根、茎、叶干质量。

(5)番茄品质:番茄果实成熟期,采摘各处理相同位置的成熟果实,采用紫外吸收法测定蛋白质,采用蒽酮比色法测定可溶性糖,采用二氯靛酚滴定法测定维生素 C,采用 NaOH 酸碱滴定法测定可滴定酸。

(6)叶片水分利用效率(WUEL):WUEL = P_n/T_r。

(7)灌溉水利用效率(IWUE):IWUE = 番茄产量/灌溉水用量。

(8)收获指数(HI):HI = 产量/(叶干质量+茎秆干质量)。

(9)根冠比(RSR):RSR = 根干质量/(叶干质量+茎秆干质量)。

第二节　干旱和复水对番茄光合速率、蒸腾速率及叶片水分利用效率的影响

复水前后,各处理番茄光合速率(P_n)、蒸腾速率(T_r)及叶片水分利用效率(WUEL)变化如表 8-1 所示。从表 8-1 可看出,对于光合速率,高灌水下限时,T0M 处理和 T0 处理复水后的光合速率大于

其复水前的,而 TOH 处理与 TOL 处理复水后的光合速率则小于复
水前的,复水前后光合速率的差异均未达显著水平($p>0.05$),这表
明高灌水下限条件下恢复灌水对其光合速率的提升作用不明显。
复水前,光合速率大小表现为:TOM 处理>TOH 处理>TOL 处理>T0
处理,且 TOM 处理与 T0 处理间差异达显著水平($p<0.05$);复水后,
光合速率大小表现为:TOM 处理>TOH 处理>TOL 处理>T0 处理,但
TOM 处理与其他 3 个处理间差异均达显著水平($p<0.05$)。中灌水
下限时,复水后的光合速率均大于复水前的,其中 T1L 处理复水前
后光合速率差异达显著水平($p<0.05$)。复水前,光合速率随底肥
施用量的增加而变大,即 T1H 处理>T1M 处理>T1L 处理;复水后光
合速率大小表现为:T1H 处理>T1L 处理>T1M 处理,T1L 处理显示
出一定的补偿生长效应。低灌水下限时,复水后的光合速率均显著
大于复水前($p<0.05$),其中 T2L 处理复水前后光合速率差异达极
显著水平($p<0.01$),这表明恢复灌水对于低灌水下限条件下的番
茄光合速率有明显提升作用,均具有显著的补偿生长效应。复水前
后光合速率均随底肥施用量的增加而变大,即 T2H 处理>T2M 处理>
T2L 处理。各处理复水前、后光合速率大小分别表现为:TOM 处理>
TOH 处理>T1H 处理>TOL 处理>T1M 处理>T2H 处理>T1L 处理>
T2M 处理>T0 处理>T2L 处理和 TOM 处理>T2H 处理>T1H 处理>
T2M 处理>T2L 处理>T1L 处理>T1M 处理>TOH 处理>TOL 处理>T0
处理。复水前后 T0 处理光合速率均不高,说明对于该地区番茄生
产来说,单纯高水分不施底肥对番茄光合同化是不利的。

　　对于蒸腾速率,除 TOM 处理复水前的蒸腾速率大于复水后的
外,其余处理复水前的蒸腾速率均小于复水后的,其中 T1L 处理、
T2H 处理、T2M 处理复水前后蒸腾速率差异达显著水平($p<0.05$)。

　　对于叶片水分利用效率,各处理复水前叶片水分利用效率均大
于复水后的,且复水前同一水分处理内,叶片水分利用效率最大值

均出现在高肥处理中,即 T0H 处理、T1H 处理、T2H 处理,表明通过施肥可以提高番茄叶片水分利用效率。

表 8-1　复水前、后番茄各处理光合速率、蒸腾速率及叶片水分利用效率

处理	$P_n/[\mu mol/(m^2\cdot s)]$		$T_r/[mmol/(m^2\cdot s)]$		$WUE_L/(\mu mol/mmol)$	
	复水前	复水后	复水前	复水后	复水前	复水后
T0	10.27 c	10.88 c	9.41 bc	11.33 ab	1.09 b	1.04 a
T0H	13.30 ab	12.23 c	9.74 bc	9.97 b	1.37 a	0.82 a
T0M	15.30 a	15.57 a	12.62 a	12.04 ab	1.21 ab	0.77 a
T0L	12.80 ab	12.13 c	9.00 bc	10.47 ab	1.32 ab	0.86 a
T1H	12.93 ab	14.77 ab	10.16 ab	12.07 a	1.27 ab	0.82 a
T1M	11.47 bc	13.67 ab	10.13 ab	11.83 ab	1.13 ab	0.87 a
T1L	11.10 bc	13.77 ab	9.28 bc	12.00 ab	1.19 ab	0.87 a
T2H	11.37 bc	14.83 ab	8.54 bc	11.14 ab	1.33 ab	0.75 a
T2M	10.97 bc	14.40 ab	8.25 c	11.51 ab	1.33 ab	0.80 a
T2L	9.90 c	14.33 ab	8.95 bc	11.34 ab	1.11 ab	0.79 a

注:同列数据后不同小写字母表示 $p<0.05$ 水平下差异显著,下同。

第三节　不同灌水下限与底肥施用对番茄产量和品质的影响

不同处理下番茄产量构成如表 8-2 所示。从表 8-2 可以看出,各处理产量高低表现为 T0M 处理>T0H 处理>T1H 处理>T1M 处理>T0 处理=T1L 处理=T2H 处理>T0L 处理>T2M 处理>T2L 处理,

这与复水前各处理光合速率变化相似。对于产量构成因素单株果实数与单果质量,单株果实数以 T2H 处理最高,T0M 处理次之,这说明番茄开花坐果期保持高肥条件下的土壤水分亏缺可以提高番茄的坐果率,但全生育期一直维持这种亏缺则会因供水不及时导致落果、坏果较多且单果质量较小,使番茄产量下降。此外,较高的单株果实数与单果质量是 T0M 处理获得最高产量的主要原因,其果实直径适中,坏果率最低;T0H 处理单果质量及果实平均直径最优,但其单株果实数低于 T0M 处理,致其产量位居第二。中低灌水下限的番茄产量最大值均出现在高底肥施用的 T1H 处理和 T2H 处理中。灌水下限对单果质量及果实直径的影响大于底肥施用,如 T0 处理单果质量及果实直径比 T1H 处理、T2H 处理大。中、低灌水下限条件下,肥料施用量对单株果实数的影响较大,如中、低灌水下限条件下,T1H 处理、T2H 处理在同一水分处理内单株果实数最多。可见,番茄生长发育过程中保持较高的土壤含水量仍然是获得高产的重要因素,但并不是盲目增加肥料施用就可以获得高产,在高灌水下限条件下以中肥施用最佳。T0M 处理产量除与 T2M 处理、T2L 处理差异显著($p<0.05$)外,与其他处理的差异均不显著。灌溉水利用效率以 T0M 处理最高,T2M 处理、T2L 处理最低,说明肥料施用可以提高灌溉水利用效率。

　　不同处理下番茄品质分析见表 8-3。从表 8-3 可以看出,灌水下限越高,番茄果实含蛋白质量越高,T0M 处理最高,T1L 处理最低;同一灌水下限时,番茄果实含蛋白质量均以中肥处理最高。与之相反,可滴定酸质量摩尔分数随着灌水下限的升高而降低,T2M 处理最高,T0M 处理最低。番茄果实含可溶性糖量最高的为中灌水

下限各处理,T1L 处理最高,T2L 处理最低。维生素 C 质量分数最
高出现在低灌水下限处理中,T2L 处理最高,T0 处理最低。可见,保
持土壤水分的适度亏缺可以改善番茄口味、调节营养品质。

表 8-2　不同灌水下限与底肥施用条件下的番茄产量构成及其水分利用效率

处理	单株果实数	单果质量/g	果实直径/cm	产量/(kg/株)	坏果率/%	水分利用效率/(kg/m³)
T0	11. 12 bc	122. 34 ab	6. 26 a	1. 36 ab	11. 71	27. 63 cd
T0H	12. 00 abc	126. 78 a	6. 28 a	1. 52 a	9. 56	32. 14 a
T0M	13. 33 ab	116. 86 ab	5. 93 ab	1. 56 a	9. 34	32. 23 a
T0L	12. 17 abc	109. 66 ab	5. 79 ab	1. 33 ab	10. 26	27. 72 cd
T1H	12. 74 abc	110. 09 ab	5. 85 ab	1. 40 ab	11. 43	29. 73 bcd
T1M	12. 33 abc	110. 56 ab	5. 91 ab	1. 37 ab	11. 91	29. 48 bcd
T1L	11. 13 bc	122. 11 ab	5. 96 ab	1. 36 ab	12. 75	28. 32 bcd
T2H	15. 00 a	90. 82 b	5. 46 b	1. 36 ab	27. 33	29. 69 bcd
T2M	11. 33 bc	101. 03 ab	5. 69 ab	1. 14 b	22. 73	24. 83 d
T2L	11. 00 c	99. 58 ab	5. 76 ab	1. 09 b	23. 45	24. 56 d

表 8-3　不同灌水下限与底肥施用条件下的番茄品质

处理	含蛋白质量/%	可滴定酸质量摩尔分数/[mmol/(100g)]	含可溶性糖量/%	维生素 C 质量分数/(mg/kg)
T0	0.79 ab	7.23 ef	9.22 b	83.45 c
T0H	0.83 ab	7.53 def	8.33 b	100.34 b
T0M	0.85 a	7.18 f	10.73 b	96.45 b
T0L	0.82 ab	7.47 ef	7.79 b	92.56 b
T1H	0.61 cd	8.39 cd	13.58 a	85.56 c
T1M	0.66 bc	9.01 bc	12.38 a	86.89 c
T1L	0.42 f	9.46 ab	13.74 a	85.44 c
T2H	0.48 ef	9.81 ab	7.92 b	187.56 a
T2M	0.63 cd	10.04 a	7.48 c	191.34 a
T2L	0.56 cde	9.69 ab	6.98 c	204.12 a

第四节　不同灌水下限与底肥施用对番茄干物质构成的影响

　　番茄各处理干物质构成如表 8-4 所示。从表 8-4 可以看出,各处理干物质量的最大值均出现在高灌水下限处理中,如根、叶干质量均以 T0L 处理最大,茎干质量以 T0H 处理最大;而各处理根、茎、叶干质量均以 T2L 处理最小,这表明土壤水分充足仍然是番茄获得较大生物量的重要前提。此外,在同一水分处理中茎干质量随肥料施用量的增多而增大,但根干质量、叶干质量变化未发现此类似规律。RSR 以 T0L 处理最大,且同一水分处理内肥料施用量对 RSR 的影响不大。T2H 处理 HI 最大,这是由于该处理经济产量较高且地上部生物量较低，T0M 处理 HI 次之。

表 8-4　不同灌水下限与底肥施用条件下番茄干物质的构成

处理	根干质量/g	茎干质量/g	叶干质量/g	RSR	HI
T0	10.39 ab	20.37 ab	39.09 ab	0.17 ab	24.14 ab
T0H	8.78 bcd	26.27 a	36.54 abcd	0.14 bcd	25.39 ab
T0M	10.23 ab	22.23 ab	38.83 abc	0.17 ab	29.09 ab
T0L	12.19 a	22.00 ab	41.91 a	0.19 a	21.65 ab
T1H	4.57 cd	21.98 ab	35.21 abcd	0.08 cd	24.48 ab
T1M	5.16 cd	18.65 ab	30.86 bcd	0.10 cd	27.89 ab
T1L	10.19 ab	20.35 ab	38.76 abc	0.17 ab	20.25 b
T2H	3.49 cd	14.42 b	28.24 cd	0.08 cd	31.67 a
T2M	3.72 cd	13.35 b	28.59 cd	0.09 cd	23.45 ab
T2L	2.29 d	13.34 b	26.34 d	0.06 d	27.42 ab

第五节　结论与讨论

　　通过试验研究发现，中、低灌水下限各处理复水后的光合速率均大于或显著大于复水前的，这表明番茄复水后光合速率受复水前土壤水分影响显著，土壤水分越低，复水后光合速率增大越多，补偿生长效应越明显，而土壤水分越高，则这种效应越不明显。此外，在一定范围内底肥施用量有利于提升番茄光合速率;单纯高水分不施底肥处理对温室番茄光合同化是不利的。除 TOM 处理外,其他处理复水后的蒸腾速率均大于复水前的;各处理复水后的叶片水分利用效率均小于复水前的;同一灌水下限内,复水前叶片水分利用效率最大值均出现在高肥处理中。

番茄单株产量和水分利用效率均以高水中肥处理最高,单株果实数以低水高肥处理最多,单果质量和果实直径均以高水高肥处理最大。番茄口味营养指标如维生素 C 质量分数、含可溶性糖量和可滴定酸质量摩尔分数指标较高的为中低灌水下限处理,这与已有研究结论类似。此外,番茄灌溉水利用效率以高水中肥处理最高,与已有研究结果存在差异,这可能是桶栽与小区试验方法不同造成的,桶栽试验 3 种灌水下限灌水总量并无显著差异,只是在灌水频率和单次灌水量上存在区别,灌水量一定情况下产量越高,灌溉水利用效率越高。

番茄根、茎、叶干质量最大值均出现在高灌水下限处理中,这充分说明水分充足仍然是番茄生物量增加的必要条件,其地上部干物质量由大到小的排序为 TOL 处理>TOH 处理>TOM 处理,其中 TOL 处理的根干质量也是最大的,这种排序结果与其产量排序正好相反,这表明在高灌水下限条件下中量施肥为最优施肥方式,过高或过低的施肥量均不利于番茄干物质向果实分配与运转,不利于高产。此外,根据产量与根冠比拟合发现,呈开口向下的二次抛物线关系,产量随根冠比的增大而变大,根冠比为 0.15 时番茄单株产量最高,而后产量随根冠比的增大而变小,这就要求在生产实际中要注重对番茄打顶、剪枝等日常管理,以控制冗余生长,优化根冠比,保证养分对果实生长的充分供应。

在水源供应充足地区,番茄生产应以高水中肥为主,即以田间持水量的 85% 为灌水下限,以田间持水量为灌水上限,底肥施复合肥 960 kg/hm² 可以获得高产。考虑到人们对番茄品质的较高要求及部分地区的限制水源供应,在生产实际中可以针对番茄不同生育期使用不同灌水下限开启灌溉,这样既可以提高水分利用效率,又可以保证产量,改善口味,调节营养品质。

参 考 文 献

[1] 虞娜,张玉龙,黄毅,等.温室滴灌施肥条件下水肥耦合对番茄产量影响的研究[J].土壤通报,2003,34(3):179-183.

[2] 李建明,潘铜华,王玲慧,等. 水肥耦合对番茄光合、产量及水分利用效率的影响[J].农业工程学报,2014,30(10):82-90.

[3] 牛晓丽,周振江,李瑞,等.根系分区交替灌溉条件下水肥供应对番茄可溶性固形物含量的影响[J].中国农业科学,2012,45(5):893-901.

[4] 代顺冬,胡田田,陈思,等.根系分区交替灌溉条件下水肥供应对番茄果实VC 含量的影响[J].中国土壤与肥料,2013(2):26-31.

[5] 陈修斌,潘林,王勤礼,等. 温室番茄水肥耦合数学模型及其优化方案研究[J].南京农业大学学报,2006,29(3):138-141.

[6] 孙文涛,张玉龙,王思林,等. 滴灌条件下水肥耦合对温室番茄产量效应的研究[J].土壤通报,2005(2):202-205.

[7] 齐红岩,李天来,周漩. 不同氮钾水平对番茄产量、品质及蔗糖代谢的影响[J].中国农学通报,2005,21(11):251-255.

[8] 朱艳丽,梁银丽,郝旺林,等. 番茄果实品质和叶片保护酶对水肥水平的响应[J]. 植物营养与肥料学报,2011, 17(1): 137-146.

[9] 陈碧华,郜庆炉,段爱旺,等. 水肥耦合对番茄产量和硝酸盐含量的影响[J].河南农业科学,2008(8):63-65.

[10] 周博,周建斌.不同水肥调控措施对日光温室土壤水分和番茄水分利用效率的影响[J]. 西北农林科技大学学报,2009,37(1):212-216.

[11] 刘明池,张慎好,刘向莉. 亏缺灌溉时期对番茄果实品质和产量的影响[J]. 农业工程学报, 2005, 21(S): 92-95.

[12] 唐晓伟,刘明池,郝静,等.调亏灌溉对番茄品质与风味组分的影响[J].

植物营养与肥料学报,2010,16(4):970-977.

[13] 孟兆江,段爱旺,王景雷,等.调亏灌溉对冬小麦根冠生长影响的试验研究[J].灌溉排水学报,2012,31(4):37-41.

[14] 刘祖贵,段爱旺,吴海卿,等.水肥调配施用对温室滴灌番茄产量及水分利用效率的影响[J].中国农村水利水电,2003(1):10-12.

[15] 康邵忠,张建华,梁宗锁,等.控制性交替灌溉——一种新的农田节水调控思路[J].干旱地区农业研究,1997,15(1):1-6.

[16] LINCOLN Z, JOHANNES M S, MICHAEL D D, et al. Tomato yield, biomass accumulation, root distribution and irrigation water use efficiency on a sandy soil, as affected by nitrogen rate and irrigation scheduling[J]. Agricultural Water Management, 2009,96:23-34.

[17] ZOTARELLIA L,DUKES M D,SCHOLBERG J M S, et al. Tomato nitrogen accumulation and fertilizer use efficiency on a sandy soil, as affected by nitrogen rate and irrigation scheduling[J]. Agricultural Water Management, 2009, 96 :1247-1258.

[18] CHRISTIAN R J, ADRIANO B, FINN P, et al. Deficit irrigation based on drought tolerance and root signaling in potatoes and tomatoes[J]. Agricultural Water Management, 2010, 98:403-413.

[19] ANTONIO E, GIULIA C. Agronomic and physiological responses of a tomato crop to nitrogen input[J]. Europ J Agronomy, 2012, 40: 64-74.

[20] CHEN Jinliang, KANG Shaozhong, DU Taisheng, et al. Quantitative response of greenhouse tomato yield and quality to water deficit at different growth stages[J]. Agricultural Water Management, 2013 129: 152-162.

[21] HAYRETTIN K, AHMER T, ALI O D. The response of processing tomato to deficit irrigation at various phenological stages in a sub-humid environment [J]. Agricultural Water Management , 2014, 133 :92-103.

[22] ZHENG Jianhua, HUANG Guanhua, JIA Dongdong, et al. Responses of drip irrigated tomato (*Solanum lycopersicum* L.) yield, quality and water productivity to various soil matric potential thresholds in an arid region of Northwest[J]. Agricultural Water Management ,2013,129 :181-193.

[23] SHIGETO F, KENSAKU S, MANABU, N, et al. Acclimation to root chilling increases sugar concentrations in tomato (*Solanum lycopersicum* L.) fruits[J]. Scientia Horticulturae, 2012, 147:34-41.

[24] AYNUR O, ALI F T. Effects of different emitter space and water stress on yield and quality of processing tomato under semi-arid climate conditions [J]. Agricultural Water Management, 2010, 97:1405-1410.

[25] QIU Rangjian, SONG Jinjuan, DU Taisheng, et al. Response of evapotranspiration and yield to planting density of solar greenhouse grown tomato in northwest China[J]. Agricultural Water Management , 2013, 130:44-51.

第九章　加气地下滴灌对温室番茄耗水规律、产量和品质的影响

在现有的温室节水灌溉技术中,地下滴灌是将滴灌带埋设在地面以下,与常规地表滴灌相比具有能够减少土壤表层无效蒸发,延缓管材老化速度,除杂、施肥、耕地等日常管理方便等优点,有着较好的应用推广前景(Payero et al.,2008;吕谋超 等,2003)。近年来由于灌溉、农业机械碾压、过量施肥等因素导致土壤板结、孔隙度减小、土壤通气性变差的问题越来越严重,造成作物根区处于低氧胁迫状态。低氧胁迫会导致植物生长发育受阻,进而影响作物产量和品质形成(Blokhina et al.,2003)。而通过地下滴灌系统不仅可以对作物灌水施肥,还可以向作物根区供气以改善作物根系呼吸条件,保障其各项生理功能的正常运转。

土壤中的氧气与水分、养分同等重要,植物根系吸收水分和养分都需要消耗能量,而这些能量是由根部细胞的呼吸作用提供的,呼吸作用越强,说明植物根的吸收作用也越强。有研究表明,番茄低氧胁迫下叶绿素含量和光合速率降低、果实提早成熟、果实氨氮含量显著升高,维生素 C 和番茄红素均下降(Horchani et al.,2008)。甜瓜根区低氧胁迫会使根系有氧呼吸受到明显抑制,生长显著受阻,可溶性蛋白含量降低,谷氨酸合成酶、硝酸盐、氨基酸、热稳定蛋白、多胺及 H_2O_2 含量均升高,果实发育受到严重影响(Gao et al.,2011;李天来 等,2009;刘义玲 等,2010,2013)。

通过根区加气能够增强土壤酶活性,提高根系有氧呼吸能力,从而改善水肥吸收速率(李元 等,2015;Heuberger et al.,2001;Ityel et al.,2014;Niu et al.,2012;Pendergast et al.,2013)。有研究表

明,通过增氧灌溉可以提高棉花土壤耕层速效氮、磷、钾含量,增加棉花氮、磷、钾的吸收量,提高籽棉产量(饶晓娟 等,2013)。增氧滴灌还可以使烟草根系活力达到最优,根系体积扩大,不定根及细根量增多,根系活力增强等(张文萍 等,2012,2013)。

目前,加气地下滴灌技术国外研究较多,国内研究较少,机制探索较多而应用分析较少。加气地下滴灌诸要素(如加气频率、滴灌带埋深、灌水定额)间的耦合寻优机制尚不清楚,这将影响该项技术后续的推广使用和效益评价。此外,现有研究结论中的研究对象较为单一,且大多以桶栽为主,缺乏对温室或大田多种作物的应用分析。针对此研究现状,本次研究精心挑选温室小区番茄为研究对象。番茄是世界主要果菜之一,因其营养丰富、味道鲜美,在我国被大范围种植,其中相当一部分种植在日光温室中,由于其上市时间较大田番茄早,能够取得较好的经济效益。随着生活水平的提高,人们越来越注重番茄的营养品质、风味口感,这就给番茄生产提出了更高的要求。与此同时,番茄又是一种高耗水作物,而目前制约我国农业生产的水资源短缺问题却日益突出,要解决这一矛盾需大力发展现代节水农业,提高农业用水效率。温室番茄加气地下滴灌技术恰好能够兼顾人们对番茄生产过程中的节水、增产、调质等多目标要求,是先进实用设施农业技术的重要组成部分,该项技术如在温室番茄取得成功还可推广应用到温室其他作物的生产过程中,促进农业增产和农民增收,具有较好的社会效益。

第一节　材料与方法介绍

一、试验材料

试验在中国农业科学院农田灌溉研究所七里营试验基地日光温室中进行。试验地位于河南省新乡市境内(35°9′N,113°47′E),

海拔 78.7 m,多年平均气温 14.1 ℃,无霜期 200.5 d,日照时数
2 398.8 h。试验所用温室(长 60 m、宽 8.5 m)东西走向,覆盖无滴
聚乙烯薄膜,外层覆盖复合保温被,墙体内镶嵌有 60 cm 厚的保温
材料,室内设增温设施。试验地土质为壤土,耕层土壤密度为 1.50
g/cm³,田间持水量为 21.5%(占干重百分比),地下水埋深大于 5
m。试验用小区宽 1 m、长 7.5 m,双行种植,行距 45 cm,株距 30
cm,为方便观测记录及防止土壤水分侧渗,特在小区间留有 20 cm
间距。番茄种植采用育苗后移栽方式进行,移栽前施干鸡粪 20
t/hm²、三元复合肥(N15-P15-K15)750 kg/hm²,在番茄花期通过施
肥泵随水追施尿素 325 kg/hm²。本次试验灌水方式为地下滴灌,滴
灌带出水口流量 2.5 L/h,灌水量由水表计量。在每个试验小区灌
溉管路首部留有加气口,通过管线与气泵相连后进行加气试验,加
气系统如图 9-1 所示。

(a)气泵

图 9-1　地下滴灌加气系统

(b)加气灌溉管路

续图 9-1

二、试验方法

本次研究共设加气频率、滴灌带埋深和灌水定额 3 个因素,每因素各设置 3 个水平。加气频率 3 个水平分别为每 1 d 1 次(G_1)、每 3 d 1 次(G_2)和每 5 d 1 次(G_3),每次加气 15 min。灌水开始的时间及灌水定额由放置在温室内直径 20 cm 的蒸发皿蒸发量 E_w 确定,当累计蒸发量达到 20 mm 时开始灌水,灌水定额 3 个水平分别为 $1.0E_w(W_1)$、$0.85E_w(W_2)$ 和 $0.70E_w(W_3)$。滴灌带埋深设置的 3 个水平分别为 10 cm(D_1)、20 cm(D_2)和 30 cm(D_3)。本次试验采用正交试验设计,不同的处理组合共有 9 组。

本次研究的统计分析采用 SAS8.1 完成,程序选择 GLM,各试验因子的主效应采用 Duncan 变量多重比较法完成,交互效应采用 LSD 法完成。试验中的图表由 Excel 2013 制作完成。

三、测定项目与方法

（1）生长指标：利用钢板尺、游标卡尺调查植株生长发育动态，
一般包括株高、茎粗、叶面积、果实数等，每周测量 1 次。

（2）土壤含水量：以取土烘干法为主、TDR（时域反射仪）法为
辅。取土时每层 20 cm，取至 1 m 处。

（3）耗水量（ET）：采用水量平衡法计算 $ET = I + (W_0 - W_t)$，其中
I 为灌水量，W_0 和 W_t 分别为时段初和时段末 1 m 土层的储水量。

（4）蒸发皿蒸发量（E_w）：由直径 20 cm 的蒸发皿及配套精度为
0.1 mm 的量筒每天量测。

（5）灌水量（I）：$I = K_p E_w$。其中，K_p 为蒸发皿系数，本次试验设
置为 1.0、0.85 和 0.7 三个。

（6）土壤蒸发量：由直径 10 cm 的微型蒸渗仪（见图 9-2）和配
套精度为 0.01 g 的天平量测。

图 9-2　微型蒸渗仪

（7）产量（Y）：每次采摘完成熟果实后，用电子秤称测。

（8）品质指标：番茄品质指标主要包括维生素 C、番茄红素、可

滴定酸和可溶性糖,委托农业部农产品质量监督检验测试中心(郑州)检测。

(9)水分利用效率(WUE):WUE=Y/ET。

(10)灌溉水利用效率(IWUE):IWUE=Y/I。

(11)蒸发皿系数(K_p):K_p=ET/E_w。

第二节　加气地下滴灌温室番茄耗水规律

一、试验期间蒸发皿水面蒸发量变化情况

试验期间蒸发皿水面蒸发量(E_w)变化如图9-3所示。测试所用蒸发皿直径为20 cm,水面蒸发量由配套的量筒每日量测,时间为3月24日至6月19日共计88 d。从图9-3中可以看出,3月番茄苗期水面蒸发强度最大,其次是6月番茄生育末期,而4月番茄花果期和5月番茄盛果期则较小。试验期间温室内累计水面蒸发量为219 mm,平均蒸发强度为2.5 mm/d。

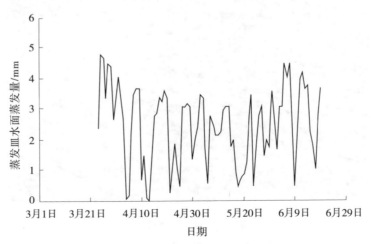

图 9-3　试验期间蒸发皿水面蒸发量变化

二、加气地下滴灌条件下番茄土壤蒸发规律

番茄不同生育期土壤蒸发量(E_s)如表9-1所示。从表9-1中可以看出,3月、6月为番茄苗期和生育末期,此两生育期番茄叶面积较小,耗水以棵间蒸发为主,土壤蒸发量较大;而在4月、5月番茄花果期,番茄叶面积较大,番茄棵间裸露的土壤较少,棵间蒸发量较小,耗水以植株蒸腾为主。滴灌带埋深、灌水定额和加气频率均极显著($p<0.01$)地影响番茄累计蒸发量,番茄累计蒸发量随滴灌带埋深和加气频率的增大而极显著减小,随灌水定额的增大而极显著增大。各处理累计土壤蒸发量最大的处理为 $D_1W_3G_3$ 处理,各处理累计土壤蒸发量最小的为 $D_3W_3G_1$ 处理,不同处理由大到小的排序为:$D_1W_3G_3$ 处理 > $D_1W_2G_2$ 处理 > $D_1W_1G_1$ 处理 > $D_2W_1G_3$ 处理 > $D_3W_1G_2$ 处理 > $D_2W_2G_1$ 处理 > $D_3W_2G_3$ 处理 > $D_2W_3G_2$ 处理 > $D_3W_3G_1$ 处理。

表9-1　番茄不同生育期土壤蒸发量(E_s)　　单位:mm

处理	3月	4月	5月	6月	累计
$D_1W_1G_1$	18.0 c	10.6 bc	10.3 a	13.2 ab	52.1 abc
$D_1W_2G_2$	19.5 a	10.5 bc	9.6 ab	13.5 a	53.1 ab
$D_1W_3G_3$	18.8 abc	12.7 a	10.6 a	12.9 ab	55.0 a
$D_2W_1G_3$	18.5 abc	10.9 b	9.2 abc	11.9 bc	50.5 bcd
$D_2W_2G_1$	18.8 abc	10.8 bc	7.7 cd	10.7 c	48.0 de

续表 9-1

处理	3 月	4 月	5 月	6 月	累计
$D_2W_3G_2$	18.2 bc	11.0 ab	7.9 bcd	8.9 d	46.0 e
$D_3W_1G_2$	18.3 bc	9.9 bc	7.9 bcd	12.6 ab	48.7 cde
$D_3W_2G_3$	19.2 ab	11.0 ab	7.3 d	8.9 d	46.4 e
$D_3W_3G_1$	18.7 abc	9.1 c	6.6 d	8.1 d	42.5 f
方差分析					
滴灌带埋深	ns	*	**	**	**
灌水定额	*	ns	*	**	**
加气频率	ns	*	*	*	**

注:同列数据后不同小写字母表示 $p<0.05$ 水平下差异显著;* 代表因子在 $p<0.05$ 水平下达显著水平;** 代表因子在 $p<0.01$ 水平下达极显著水平;ns 则表示因子作用不显著,下同。

加气地下滴灌条件下番茄不同生育期日均土壤蒸发量如图 9-4 所示。从图 9-4 中可以看出,番茄 3 月苗期的日均土壤蒸发量最大,蒸发强度最高,日均土壤蒸发量在 1 mm 左右;其次是 6 月生育末期,日均土壤蒸发量在 0.6 mm 左右;再次是 4 月番茄花果期,日均土壤蒸发量在 0.4 mm 左右;最后是 5 月番茄盛果期,日均土壤蒸发量在 0.3 mm 左右。

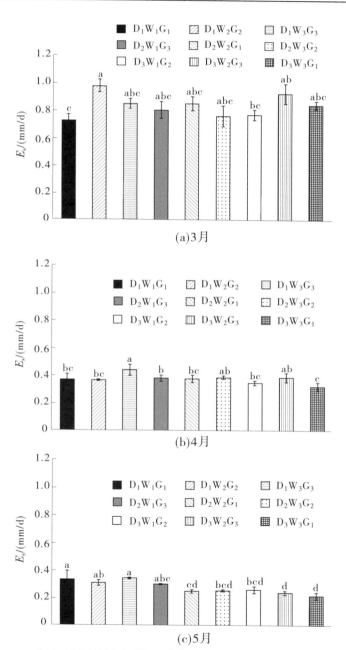

图 9-4　加气地下滴灌条件下番茄不同生育期日均土壤蒸发量

(注:柱上不同小写字母表示 $p<0.05$ 水平下差异显著)

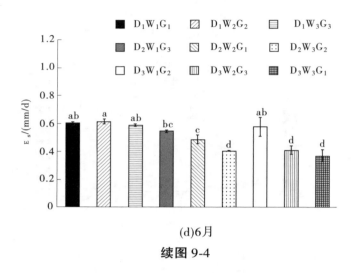

(d)6月

续图 9-4

三、加气地下滴灌条件下番茄耗水规律

番茄不同生育期阶段耗水量(ET)如表 9-2 所示。从表 9-2 可以看出,4 月、5 月为番茄花果期和盛果期是耗水最大生育期,其次是 6 月番茄生育末期,最小的是 3 月番茄苗期。番茄累计耗水量随滴灌带埋深和加气频率的增大而极显著减小,随灌水定额的增大而极显著增大。各处理累计耗水量最大的为 $D_1W_1G_1$ 处理,最小的为 $D_3W_3G_1$ 处理,不同处理由大到小的排序为:$D_1W_1G_1$ 处理>$D_1W_2G_2$ 处理>$D_2W_1G_3$ 处理>$D_1W_3G_3$ 处理>$D_3W_1G_2$ 处理>$D_2W_2G_1$ 处理>$D_3W_2G_3$ 处理>$D_2W_3G_2$ 处理>$D_3W_3G_1$ 处理。综合表 9-1 和表 9-2 试验数据可以发现,在温室番茄加气地下滴灌条件下土壤蒸发占总耗水量的 20%~30%。

四、加气地下滴灌条件下蒸发皿系数的变化规律

番茄不同处理条件下蒸发皿系数(K_p)变化如图 9-5 所示。K_p

表 9-2　番茄不同生育期阶段耗水量(ET)　　　单位:mm

处理	3月	4月	5月	6月	累计
$D_1W_1G_1$	37.25 b	82.00 a	79.73 a	56.06 a	255.04 a
$D_1W_2G_2$	39.53 a	73.17 ab	71.14 ab	48.94 b	232.78 b
$D_1W_3G_3$	38.37 ab	67.18 bc	65.31 bc	44.12 bc	214.98 c
$D_2W_1G_3$	37.93 ab	68.76 bc	66.85 bc	45.39 bc	218.93 c
$D_2W_2G_1$	38.37 ab	62.32 bc	60.59 cd	40.21 cd	201.49 d
$D_2W_3G_2$	37.54 ab	58.68 cd	57.05 cd	37.27 cd	190.54 e
$D_3W_1G_2$	37.63 ab	64.02 bc	62.25 bc	41.57 bc	205.47 d
$D_3W_2G_3$	39.03 a	58.57 cd	56.95 cd	37.18 cd	191.73 e
$D_3W_3G_1$	38.28 ab	49.60 d	48.22 d	29.95 d	166.05 f
方差分析					
滴灌带埋深	ns	**	**	**	**
灌水定额	*	*	*	**	**
加气频率	ns	*	*	*	*

为不同月份番茄累计耗水量(ET)和累计蒸发皿水面蒸发量(E_w)的比值。番茄 3 月苗期蒸发皿系数较小,各处理 K_p 值在 0.4~0.5 变化。随着 4 月、5 月进入花果期,K_p 值逐渐变大,各处理在 0.8~1.2 变化。进入 6 月,番茄进入生育末期,K_p 值又再次变小,各处理在 0.6~0.8 变化。番茄不同处理条件下的蒸发皿系数随滴灌带埋深的增大而减小,随灌水定额的增大而变大,加气频率对蒸发皿系数的影响不大。

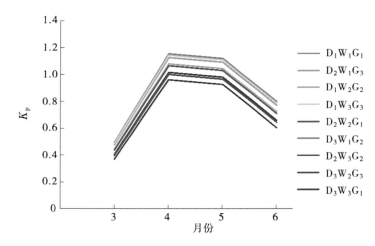

图 9-5　番茄不同处理条件下蒸发皿系数

第三节　加气地下滴灌对温室番茄产量和品质构成因子的影响

一、加气地下滴灌对番茄产量构成因子的影响

如表 9-3 所示,滴灌带埋深和灌水定额均能显著地影响番茄单果重和单株果实数($p<0.05$)。对于滴灌带埋深,单果重和单株果实数最大值出现在 D_2 处理,其次是 D_1 处理和 D_3 处理;而对于灌水

定额,单果重和单株果实数最大值均出现 W_2 处理,其次是 W_1 处理
和 W_3 处理。对于加气频率,加气频率对番茄单果重的影响达显著
水平,最大值出现在 G_2 处理,其次是 G_1 处理和 G_3 处理,而对单株
果实数的影响未达显著水平。滴灌带埋深、灌水定额和加气频率三
因素对番茄最终产量的影响规律与其对单果重的影响基本相同,本
次试验产量最高的为 $D_2W_1G_3$ 处理,产量最低的为 $D_3W_3G_1$ 处理,各
处理产量由大到小的排序为: $D_2W_1G_3$ 处理> $D_1W_1G_1$ 处理> $D_2W_2G_1$
处理> $D_1W_2G_2$ 处理> $D_1W_3G_3$ 处理> $D_2W_3G_2$ 处理> $D_3W_1G_2$ 处理>
$D_3W_2G_3$ 处理> $D_3W_3G_1$ 处理。

表9-3　不同处理条件下的番茄产量构成因子

处理	单果重/kg	单株果实数	产量/(t/hm²)
$D_1W_1G_1$	2.65 ab	16.50 ab	113.97 ab
$D_1W_2G_2$	2.53 ab	16.00 ab	107.58 bc
$D_1W_3G_3$	2.44 bc	16.50 ab	104.86 cd
$D_2W_1G_3$	2.76 a	16.00 ab	117.48 a
$D_2W_2G_1$	2.72 ab	17.00 a	112.40 ab
$D_2W_3G_2$	2.30 bc	14.50 c	103.46 cd

续表 9-3

处理	单果重/kg	单株果实数	产量/(t/hm²)
$D_3W_1G_2$	2.29 bc	15.50 bc	102.98 cd
$D_3W_2G_3$	2.13 cd	16.00 ab	100.43 de
$D_3W_3G_1$	2.03 d	16.00 ab	96.90 e
方差分析			
滴灌带埋深	**	*	**
灌水定额	*	**	*
加气频率	*	ns	**

二、加气地下滴灌对番茄品质构成因子的影响

番茄果实中的维生素 C 和番茄红素是人体需要的重要的生理抗氧化剂,有助于预防或延缓某些癌症、心血管疾病和其他因为氧化应激引起的疾病。而酸和糖的含量除其本身所具有的营养功能外,还能影响人们对于番茄口味的认知。这 4 项指标对番茄果实的品质评价非常重要。

各处理条件下的番茄果实品质指标如表 9-4 所示,番茄果实维生素 C 含量随滴灌带埋深的增大而减小,随灌水定额和加气频率的增大而增大,本次试验维生素 C 含量最高的为 $D_1W_1G_1$ 处理,最低的为 $D_2W_2G_1$ 处理。可滴定酸含量随滴灌带埋深、灌水定额和加气频率的增大而减小,可滴定酸含量最高的为 $D_1W_3G_3$ 处理和

$D_2W_3G_2$ 处理,最低的为 $D_3W_1G_2$ 处理。可溶性总糖含量随滴灌带
埋深、加气频率的增大而减小,随灌水定额的增大而增大,可溶性总
糖含量最高的为 $D_1W_3G_3$ 处理,最低的为 $D_3W_3G_1$ 处理。番茄红素
含量随滴灌带埋深和灌水定额的增大而增大,而加气频率的影响则
较为复杂,最大值出现在 G_2 处理,其次是 G_3 处理和 G_1 处理,番茄
红素最高的为 $D_3W_1G_2$ 处理,最低的为 $D_2W_2G_1$ 处理。

表 9-4 不同处理条件下的番茄品质构成因子

处理	维生素 C/ (mg/100 g)	可滴定酸/ (g/kg)	可溶性总糖/ %	番茄红素/ (mg/kg)
$D_1W_1G_1$	17.40	3.80	2.43	92.00
$D_1W_2G_2$	12.30	3.70	2.50	77.90
$D_1W_3G_3$	13.00	3.96	2.74	89.90
$D_2W_1G_3$	16.20	3.60	2.46	89.20
$D_2W_2G_1$	11.80	3.57	2.34	73.90
$D_2W_3G_2$	12.70	3.96	2.34	79.70
$D_3W_1G_2$	13.00	3.16	2.38	102.00
$D_3W_2G_3$	12.30	3.76	2.25	74.20
$D_3W_3G_1$	15.80	3.77	2.19	87.20

第四节　加气地下滴灌番茄产量与耗水量和水分利用效率的关系

一、加气地下滴灌条件下番茄水分利用效率

表 9-5 为不同处理条件下的产量(Y)、灌水量(I_r)、耗水量(ET)、灌溉水利用效率($IWUE$)和水分利用效率(WUE)。灌溉水利用效率和水分利用效率随灌水定额的增大而显著减小,随加气频率的增大而显著增大。对于滴灌带埋深,灌溉水利用效率和水分利用效率最大的为 D_2 处理,其次是 D_1 处理和 D_3 处理。此外,不同处理灌溉水利用效率数值均大于水分利用效率数值,这表明本次试验灌水量设计可以满足番茄全生育期蒸腾耗水需要。

表 9-5　番茄不同处理条件下的水分利用效率

处理	$Y/$ (t/hm^2)	$I_r/$ mm	$ET/$ mm	$IWUE/$ (kg/m^3)	$WUE/$ (kg/m^3)
$D_1W_1G_1$	113.97 ab	206.06	255.04 a	55.28 b	44.66 d
$D_1W_2G_2$	107.58 bc	172.73	232.78 b	62.25 b	46.19 cd
$D_1W_3G_3$	104.86 cd	142.42	214.98 c	73.59 a	48.75 cd
$D_2W_1G_3$	117.48 a	206.06	218.94 c	56.99 b	53.63 bc
$D_2W_2G_1$	112.40 ab	172.73	201.49 d	65.04 ab	55.76 ab
$D_2W_3G_2$	103.46 cd	142.42	190.54 e	72.61 a	54.27 ab
$D_3W_1G_2$	102.98 cd	206.06	205.47 d	49.95 c	50.09 ab
$D_3W_2G_3$	100.43 de	172.73	191.73 e	58.11 b	52.35 bc

续表9-5

处理	$Y/$ （t/hm²）	$I_r/$ mm	ET/ mm	IWUE/ （kg/m³）	WUE/ （kg/m³）
$D_3W_3G_1$	96.90 e	142.42	166.04 f	68.00 a	58.33 a
方差分析					
滴灌带埋深	**	—	**	**	**
灌水定额	*	—	**	*	**
加气频率	**	—	*	**	*

二、加气地下滴灌条件下番茄灌水量与耗水量的关系

加气地下滴灌条件下番茄灌水量（I_r）与耗水量（ET）的关系如图 9-6 所示。从图 9-6 中可以看出，当番茄灌水量由 140 mm 增至 300 mm 时，番茄耗水量亦从 170 mm 增至 310 mm，番茄耗水量随灌水量的增加而增加。通过回归分析发现，二者呈极显著线性关系（$p<0.01$），决定系数为 0.73。

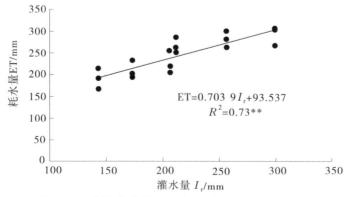

图 9-6　番茄灌水量（I_r）与耗水量（ET）的关系

三、加气地下滴灌条件下番茄耗水量与产量的关系

　　加气地下滴灌条件下番茄耗水量与产量的关系如图 9-7 所示。从图 9-7 中可以看出,番茄产量和耗水量呈开口向下的二次抛物线关系,番茄产量随耗水量的增加先增加至最高点,然后随耗水量的增加而下降,通过回归分析得出其关系式如图 9-7 中公式所示。通过寻优分析可知,当耗水量达到 290 mm 时番茄产量可达最大。

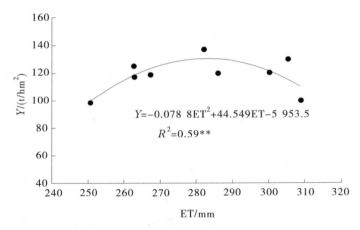

$$Y=-0.078\ 8ET^2+44.549ET-5\ 953.5$$

$$R^2=0.59**$$

图 9-7　加气地下滴灌条件下番茄耗水量(ET)和产量(Y)的关系

第五节　结论与讨论

　　通过本次研究发现,滴灌带埋深和灌水定额均能显著或极显著地影响番茄单果重、单株果实数和产量;而加气频率能显著或极显著地影响单果重和产量,而对果实数的影响并不显著。本次试验产量最高的处理出现在滴灌带埋深 20 cm,灌水定额为蒸发皿系数1.0 处理,加气频率为每 5 d 加气 1 次的处理。

　　番茄果实维生素 C 含量随滴灌带埋深的增大而减小,随灌水定额和加气频率的增大而增大;可滴定酸含量随滴灌带埋深、灌水定

额和加气频率的增大而减小;可溶性总糖含量随滴灌带埋深、加气
频率的增大而减小,随灌水定额的增大而增大;番茄红素含量随滴
灌带埋深和灌水定额的增大而增大;而加气频率的影响则较为复
杂,最大值出现在 G_2 处理,其次是 G_3 处理和 G_1 处理。

　　滴灌带埋深、灌水定额和加气频率均极显著地影响番茄累计土
壤蒸发量,番茄累计土壤蒸发量随滴灌带埋深和加气频率的增大而
极显著减小,随灌水定额的增大而极显著增大。苗期番茄的土壤蒸
发强度最高,其次是生育末期,再次是番茄花果期,最后是番茄盛果
期。番茄耗水量随滴灌带埋深和加气频率的增大而极显著减小,随
灌水定额的增大而极显著增大。番茄苗期蒸发皿系数在 0.4~0.5
变化,花果期蒸发皿系数在 0.8~1.2 变化,生育末期蒸发皿系数在
0.6~0.8 变化。在温室番茄加气地下滴灌条件下,土壤蒸发占总耗
水量的 20%~30%。

　　灌溉水利用效率和水分利用效率随灌水定额的增大而显著减
小,随加气频率的增大而显著增大,至于滴灌带埋深,灌溉水利用效
率和水分利用效率最大的为滴灌带埋深 20 cm 处理,其次是埋深 10
cm 处理和埋深 30 cm 处理。番茄耗水量随灌水量的增大而极显著
增大。通过回归分析发现,二者呈极显著线性增加关系,决定系数
为 0.73。番茄产量和耗水量呈开口向下的二次抛物线关系。通过
寻优分析可知,当耗水量达到 290 mm 时番茄产量可达最大。

　　通过以上分析可以得出,加气地下滴灌条件下的温室番茄优化
后的应用技术模式应为:滴灌带埋深 20 mm;加气频率为每 3 d 加气
1 次,每次加气 15 min;在番茄苗期、花果期和生育末期蒸发皿系数
应分别为 0.5~0.8、1.0~1.2、0.5~0.8。在实际应用过程中,当蒸
发皿水面蒸发量达到 20 mm 时开启灌溉系统,由蒸发皿系数、灌溉
面积和累计蒸发量三者的乘积确定灌水定额。采用此技术模式既
可达到高产,又可提高水分利用效率。

参 考 文 献

[1] 张莹莹,孙周平,刘广晶,等. 根区通气方式对番茄根际气体环境及基质理化性质的影响[J]. 西北农业学报,2011,20(4):106-110.

[2] 李天来,陈红波,孙周平,等. 根际通气对基质气体、肥力及黄瓜伤流液的影响[J]. 农业工程学报,2009,25(11):301-305.

[3] 李元,牛文全,张明智,等. 加气灌溉对大棚甜瓜土壤酶活性与微生物数量的影响[J]. 农业机械学报,2015,46(8):121-129.

[4] 谢恒星,蔡焕杰,张振华. 温室甜瓜加氧灌溉综合效益评价[J]. 农业机械学报,2010,41(11):79-83.

[5] 雷宏军,胡世国,潘红卫,等. 土壤通气性与加氧灌溉研究进展[J]. 土壤学报,2017,54(2):297-308.

[6] 孙周平,李天来,范文丽. 根际二氧化碳浓度对马铃薯植株生长的影响[J]. 应用生态学报,2005,16(11):93-97.

[7] 张东秋,石培礼,张宪洲. 土壤呼吸主要影响因素的研究进展[J]. 地球科学进展,2005,20(7):778-785.

[8] 雷宏军,臧明,张振华,等. 循环曝气压力与活性剂浓度对滴灌带水气传输的影响[J]. 农业工程学报,2014,30(22):63-69.

[9] 刘春,张磊,杨景亮,等. 微气泡曝气中氧传质特性研究[J]. 环境工程学报,2010(3):585-589.

[10] BHATTARAI S P. Yield,wateruse efficiencies and root distribution of soybean,chickpea and pumpkin under different subsurface drip irrigation depths and oxygation treatments in vertisols [J]. Irrigation Science,2008,26(5):439.

[11] NIU W Q,GUO Q,ZHOU X B,et al. Effect of aeration and Soil water redistribution on the air permeability under subsurface drip irrigation [J]. Soil Science Society of America Journal,2012,76(3):815-820.

[12] BHATTARAI S P,SU N H,DAVID J. Oxygenation unlocks yield potentials of crops in oxygen limited soil environments[J]. Advances in Agronomy,2005,5(88):313-337.

[13] LI Yuan, NIU Wenquan, XU Jian, et al. Root morphology of greenhouse produced muskmelon under sub-surface drip irrigation with supplemental soil aeration[J]. Scientia Horticulturae, 2016, 201(30): 287-294.

[14] TAKESHI F, JULIA B S. Plant responses to hypoxia-is survival a balancing act? [J]. Trends in Plant Science, 2004, 9(9): 449-456.

[15] TORABI M, MIDMORE D J, WALSH K B, et al. Analysis of factors affecting the availability of air bubbles to subsurface drip irrigation emitters during oxygation[J]. Irrigation Science, 2013, 31(4): 621-630.

[16] CHEN X, DHUNGEL J, BHATTARAI S P, et al. Impact of oxygation on soil respiration, yield and water use efficiency of three crop species[J]. Journal of Plant Ecology, 2011, 4(4): 236-248.

[17] BAGATUR T. Evaluation of plant growth with aerated irrigation water using Venturi pipe part[J]. Arabian Journal for Science and Engineering, 2014, 39(4):2525-2533.

[18] ABUARAB M, MOSTAFA E, IBRAHIM M. Effect of air injection under subsurface drip irrigation on yield and water use efficiency of corn in a sandy clay loam soil[J]. Journal of Advanced Research, 2013, 4(6): 493-499.

[19] NIU W Q, FAN W T, PERSAUD N, et al. Effect of post-irrigation aeration on growth and quality of greenhouse cucumber[J]. Pedosphere, 2013, 23(6): 790-798.

[20] WU C, YE Z H, LI H, et al. Do radial oxygen loss and external aeration affect iron plaque formation and arsenic accumulation and speciation in rice? [J]. Journal of Experimental Botany, 2012, 63(8): 2961-2970.

第十章　充分灌溉和干旱胁迫对棉花茎直径变化的影响

作物用水一般可以划分成两部分：一是生理用水，以满足自身的代谢、营养等需要；二是生态用水，以调节自身生存环境的需要。因此，当作物遭遇水分胁迫时也就引起很多生理、形态指标的变化，如 ABA（脱落酸）含量的增加、脯氨酸水平的提高、叶绿素含量的下降，以及叶水势的下降等；还可以引起形态方面的变化，如叶面积的减小、根冠比的增大、茎直径的微变化等。由此也引起许多基于这些生理、形态变化的作物体内水分胁迫程度的研究，用以判断作物受旱等级以便指导灌溉。其中的茎直径变化指标是利用作物茎秆白天蒸腾失水收缩、晚上吸水膨胀的茎直径微变化来诊断作物体内水分变化的指标的，因其能灵敏地反映作物体内水势变化，与气象因素有很好的相关性等优点而成为最近研究的热点，甚至被直接用于指导灌溉取得了较好的效果。国内外许多文献探讨了基于茎直径变化的作物精准灌溉的可靠指标体系，但缺少对作物在一个干旱全过程中茎直径变化规律的研究，也就无法为制定的指标体系设定适用范围。本章主要以干旱胁迫和充分灌溉条件下的桶栽棉花的茎直径变化、气孔导度、土壤含水量、叶水势等指标为研究对象，通过对比探讨棉花茎直径在随土壤含水量下降的过程中变化的规律性，为基于茎直径变化的精准灌溉指标体系的研究提供参考。

第一节　材料与方法介绍

一、试验材料与方法

棉花干旱试验于 2008 年 8 月 27 日至 9 月 7 日在中国农业科学

院农田灌溉研究所防雨棚下进行,主要采用桶栽土培法。试验土质为沙壤土,土壤密度为 1.28 g/cm³,田间持水量为24%(占干重百分比)。装土时将 N、P、K 复合肥分三层均匀混入,每桶的土重及肥料重量均一致,设置 5 cm PP 管埋于桶中用于均匀灌水。试验精心挑选生长形态比较一致的棉株,分别设置一个从田间持水量逐渐变干的处理(TI 处理)。桶口用聚乙烯膜封闭以保证桶内失水完全由蒸腾所致,设一个充分灌水的对照处理(T0 处理),每天早晚灌水使其灌水后的土壤含水量不低于田间持水量,试验采用随机区组试验设计,各重复 6 次。

二、观测项目

(1)茎直径变化由德国产 DD 型直径生长测量仪自动监测,探头安装在离地面 10 cm 处的棉花茎秆上,并且与自动采集器(DL2e Data Logger)相连接,如图 10-1 所示。

图 10-1　桶栽棉花茎直径变化测定

(2)叶水势与气孔导度分别由 HR-33T 露点水势仪和 AP4 动态气孔计测定,测定时选植株最上部新叶。

(3)桶内土壤含水量由经过标定的台秤称量。

(4)气候因子由试验场内的自动气象站记录,如图 10-2 所示。

(5)数据处理采用国际通用的统计分析软件 SAS8.1 进行。空

图 10-2　试验地自动气象站

气饱和差(VPD)采用式(2-1)、式(2-2)计算。其中,空气相对湿度
(RH,%)和空气温度(T,℃)来源于实际观测资料。

第二节　棉花茎直径日相对变化量

　　本次试验除 8 月 29 日阴天、8 月 30 日小雨外,其他时间天气均
晴朗。茎直径变化传感器所反映出的每日茎直径相对变化量(RV)
如图 10-3 所示。为了方便比较,把初始的 RV 都设为 1。粗曲线为
充分灌水处理(T0 处理),于 8 月 30 日有一次茎直径变化传感器校
准;细曲线为干旱处理(TI1 处理、TI2 处理)。在 8 月 31 日以前,由
于是阴雨天气,干旱胁迫的棉花植株 TI 处理的蒸腾失水并不严重,
其 RV 和充分灌水的植株 T0 处理的 RV 并没有显著的差别,二者几
乎重叠;随着水分胁迫的加剧,干旱处理的棉株 TI 处理的 RV 值逐
渐变小,与 T0 处理的差异越来越大;即使相同处理的棉株 TI1 处
理、TI2 处理的下降幅度也不同,TI2 处理的下降幅度要大于 TI1 处
理的。对 T0 处理、TI 处理的 RV 的均值进行 t 检验发现,当土壤相
对含水量下降至 60% 以后二者差异达显著水平。分析导致这种结
果的原因,主要是蒸腾速率、根系吸水能力和受供水水平限制的实
际吸水速率的综合作用的效果,即便是同一种处理水平也因棉株体

内生理状况的不同而表现不同。

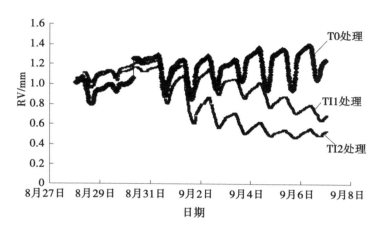

图10-3　T0 处理、TI1 处理、TI2 处理的棉花茎直径日相对变化量

第三节　棉花茎直径日最大收缩量和日生长量

对于茎直径日最大收缩量(MDS)和日生长量(DI)来讲,MDS 主要反映的是作物遭遇水分胁迫后根系吸水无法满足蒸腾需要的一种补偿机制,即水分胁迫导致的作物体内水分重新分配,其计算方法为一天中最大的 RV 减去最小的 RV;而 DI 则反映的是作物茎秆的生长能力,即作物茎秆直径一天的增加量,其计算方法为相邻两天的最大 RV 之差。但因试验时期为棉花的吐絮期,茎秆的生长已经基本停止,所以 DI 实际反映的是棉花茎秆的恢复力。图 10-4 所示为这时期每天平均有效辐射和空气饱和差(VPD)的变化,作物蒸腾过程中水分由液态转化为汽态所需的能量主要来自太阳辐射,而有效辐射与作物的光合作用和蒸腾作用密切相关,VPD 则主要反映空气中水汽的亏缺度,根据彭曼蒸腾速率计算公式,二者是导致植株蒸腾作用的主因。如图 10-5(a)所示,T0 处理和 TI1 处理的 MDS 变化曲线在试验的全过程都非常接近有效辐射的变化曲线,但

TI2 处理的 MDS 曲线在 9 月 1 日后的变化趋势却脱离了辐射的影响降了下来,这也就是为什么选同是 TI 处理的两类植株测定的原因。T0 处理和 TI 处理的棉株 DI 变化曲线如图 10-5(b)所示,二者最大的区别在于恢复能力,T0 处理的 DI 变化曲线基本在 DI = 0 上下波动,也就是说土壤水分充足条件下,经过一夜的根系吸水补充茎秆都能恢复到原有茎直径水平,甚至有所增加;而 TI 处理的茎秆则从 8 月 30 日土壤相对含水量下降到 60% 开始一直处于负增长状态。从试验时期的茎直径累积生长量可以看出,T0 处理的棉花茎直径在试验期间增加了 0.31 mm,而 TI 处理的棉花茎直径比试验前均变小了,其中 TI1 处理减小 0.34 mm,TI2 处理减小 0.49 mm,TI2 处理比 TI1 处理的减小量大。因此,可知 TI 处理 RV 值 8 月 31 日以后下降的原因是干旱使茎直径减小,因为 TI2 处理比 TI1 处理的茎直径减小量要大,所以 TI2 处理的 RV 值比 TI1 处理的 RV 值下降得快。

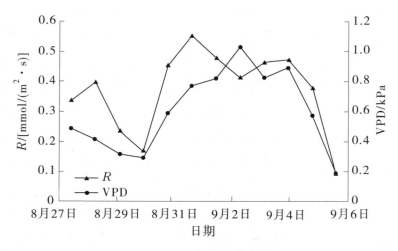

图 10-4　日均有效辐射(R)和空气饱和差(VPD)

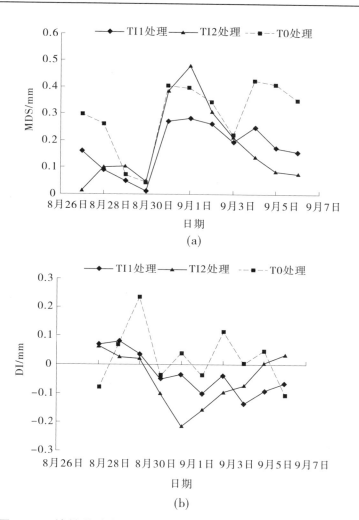

图 10-5　棉株茎直径日最大收缩量(MDS)和日生长量(DI)

第四节　棉花叶片气孔导度的变化

对于一般植物的成熟叶片来说,气孔蒸腾是植物叶片蒸腾的主要形式,当气孔蒸腾旺盛时,叶片发生水分亏缺。如果土壤供水不足,则气孔开度会减小甚至关闭;如果供水良好,则气孔张开,以此机制来调节植物的蒸腾强度。试验期间的 T0 处理和 TI 处理的棉花一天中气孔导度的变化如图 10-6(a)所示。气孔导度最大的时间在每天的 10:00 左右,随后由于根系吸水能力不能满足蒸腾耗水的需要,叶片内水分减少,气孔调节开始,气孔导度开始下降,并且持续至 12:00 左右;从 12:00 开始至 15:00,T0 处理的棉花随着辐射的减弱,叶片内水分得以补充,气孔导度值重新开始有所增加;而 TI 处理的棉花的气孔导度值则继续变小,但无论是 T0 处理的增加还是 TI 处理的减小,在这个时段都是平缓的;此后的时段里,随着辐射、温度的减弱,两处理的气孔导度急剧减小。试验期间每天气孔导度变化的平均值如图 10-6(b)所示,TI 处理的棉花气孔导度在 8 月 29 日土壤含水量相对比较充裕且蒸腾作用比较弱的情况下较大,其后便呈现出逐渐变小的态势;T0 处理的棉花则是在 9 月 1 日蒸腾作用非常强烈的天气下有所下降,其余时间均维持在一定水平上。相对而言,TI 处理的气孔调节效应明显。

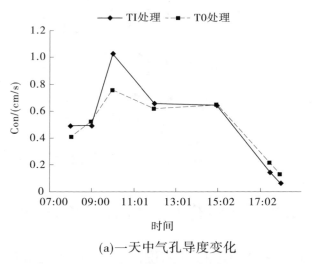

(a)一天中气孔导度变化

图 10-6　棉花一天中气孔导度变化和试验期间日平均气孔导度变化

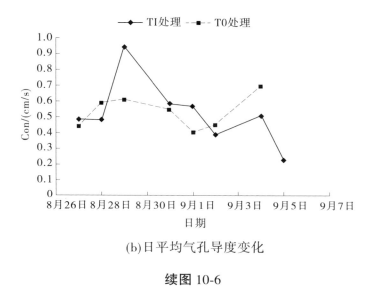

(b)日平均气孔导度变化

续图 10-6

第五节　棉花茎直径变化与黎明叶水势的关系

图 10-7 为棉花茎直径日最大收缩量(MDS)、茎直径日生长量(DI)随着日出前叶水势(PLWP)不断降低的变化动态。图 10-7(a)中 MDS 随着日出前叶水势的降低而增大,但当 PLWP 降低到-0.5 MPa 左右时,MDS 基本上维持在较高的水平,趋势线逐渐平缓。从图 10-7(a)还可以看出,有的数据点与趋势线存在较大的偏差,产生偏差的原因是气象因素的影响,阴天的 MDS 比晴天的 MDS 有较大幅度的降低。

DI 随着日出前叶水势的降低呈不断下降趋势[见图 10-7(b)]。PLWP 在-0.1~-0.3 MPa 时,DI 变化幅度较大,随着 PLWP 进一步降低,DI 的变化逐渐平缓,当 PLWP 降低到-1.0 MPa 左右时,DI 从正值转为负值,之后一直为负增长。

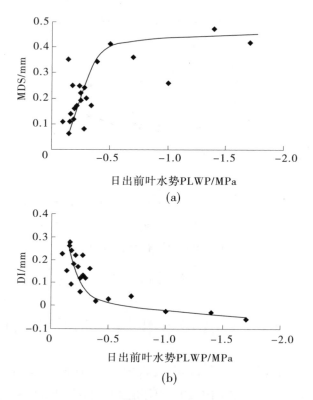

图 10-7　棉花 MDS 和 DI 与日出前叶水势(PLWP)的关系(张寄阳 等,2006)

第六节　棉花蒸腾耗水量和土壤相对含水量的变化

　　试验期间 TI 处理的棉花的日蒸腾耗水量和土壤相对含水量的变化如图 10-8 所示。对于日蒸腾量,8 月 30 日小雨期间最小,9 月 1 日辐射最强烈时最大,之后随着土壤含水量的减小、根系吸水难度增加及气象因素变化的综合作用而逐渐变小;土壤相对含水量随着土壤水分的减少逐渐下降。

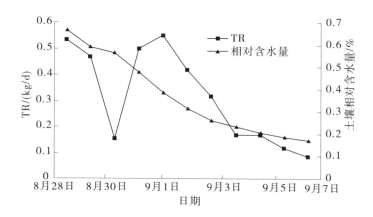

图 10-8　TI 处理下棉花日蒸腾耗水量(TR)与土壤相对含水量的变化

第七节　棉花茎直径变化指标数值模拟

作物正常生长发育条件下的需水量在很大程度上取决于作物所处的外部气象条件,气象条件决定着作物需水量的潜势,即作物没有受到任何水分胁迫时最多需要多少水,而其他因子决定着这种作物需水潜势的实现程度。从这种意义上讲,T0 处理棉花的茎直径变化可以认为是完全反映这个时期气象因素的茎直径变化即标准茎直径变化,因为它相对于 TI 处理来讲较少有因土壤含水量下降而导致的棉花生理变化对其茎直径变化的影响。为此,本书建立了一个 T0 处理的 MDS 和有效辐射、VPD、气温及相对湿度的线性全回归方程,模型经 F 检验(见表 10-1)达显著水平,$R^2 = 0.838$。

$$MDS = 1.711R + 2.101VPD - 0.075T + 0.073RH - 5.692$$

$$(10-1)$$

式中　MDS——日最大收缩量,mm;

　　　R——有效辐射,mmol/(m^2·s);

　　　VPD——空气饱和差,kPa;

T——气温,℃;

RH——相对湿度,%。

应用该方程所进行的预测值与实测值分析如表 10-2、图 10-9 所示。

表 10-1　棉花 MDS 气象因子全回归方程检验

项目	自由度 df	平方和	均方	F 值	$P_r>F$
模型	4	0. 149 29	0. 037 32	7. 77	0. 014 9
误差	6	0. 028 82	0. 004 80		
累计	10	0. 178 10			

注:显著性水平 $P_r = 0.05$。

表 10-2　MDS 预测值与实测值

MDS 模拟方程	时间/d	气象因素				MDS 预测值/mm	MDS 实测值/mm
		$R/[\mathrm{MJ}/(\mathrm{m}^2 \cdot \mathrm{d})]$	VPD/kPa	$T/$℃	RH/%		
MDS=1. 711R+2. 101VPD−0. 075T+0. 073RH−5. 692	8 月 27 日	0. 337	0. 486	25. 831	85. 391	0. 230	0. 300
	8 月 28 日	0. 397	0. 413	25. 352	87. 234	0. 349	0. 263
	8 月 29 日	0. 233	0. 313	24. 970	90. 105	0. 098	0. 071
	8 月 30 日	0. 165	0. 294	22. 780	89. 391	0. 054	0. 041
	8 月 31 日	0. 453	0. 590	22. 300	78. 080	0. 375	0. 403
	9 月 1 日	0. 555	0. 774	22. 482	71. 567	0. 446	0. 394
	9 月 2 日	0. 476	0. 817	23. 395	71. 614	0. 335	0. 344
	9 月 3 日	0. 411	1. 031	25. 501	68. 418	0. 282	0. 215
	9 月 4 日	0. 464	0. 821	25. 035	74. 137	0. 385	0. 422
	9 月 5 日	0. 471	0. 890	24. 800	71. 572	0. 373	0. 409
	9 月 6 日	0. 376	0. 574	24. 134	80. 912	0. 281	0. 350

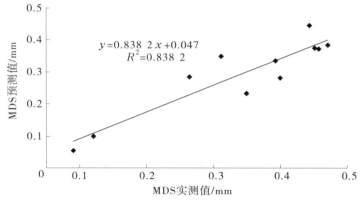

$y = 0.838\ 2x + 0.047$
$R^2 = 0.838\ 2$

图 10-9　MDS 预测值与实测值的相关性

第八节　结论与讨论

茎秆内的水分占植株体总水分的 40%～50%,其中大部分存储在韧皮部和新生组织中。根据内聚力理论的解释,茎秆内水分子之间具有强大的内聚力以保证蒸腾过程中导管中水柱向上运动的连续性,而一旦根系的吸水速率跟不上蒸腾速率,植株体内游离的水分子就会被内聚力拉走参与蒸腾,这也就是导致茎直径变化的原因。但植物体内的水分运动及干旱使植物体内水分的重新分配是一个很复杂的过程。通过试验发现,即使土壤含水量接近田间持水量的 T0 处理,如果遇到蒸腾强烈的天气也会因根系吸水不能满足蒸腾的需要而产生非常大的茎收缩,这与温室内越是充分供水收缩量越小的番茄反应有差别。另外,通过这次试验可知,辐射和 MDS 的相关性最好,而温室内却是 VPD 和 MDS 的相关性最好,这些差别可能是温室内外气象因素不同所致。对于 TI2 处理在 1 d 后脱离有效辐射对其影响的原因可能是前期过大的收缩量使其茎秆内韧皮部及新生组织中存储的水分接近完全析出,并且这个时期的气孔并没有完全关闭,蒸腾仍在进行,在土壤相对含水量只有 40% 以下的重度干旱环境下,夜间吸收补充到茎秆的越来越少的水分很容易被白天的蒸腾完全耗尽,这时 TI2 处理的累积收缩量为 TI1 处理的1.45 倍,植株已出现萎蔫迹象。TI 处理的 MDS 值和 DI 值呈现出很强的负相关性,这也就是说收缩量越大恢复起来越困难。对于 TI 处理的棉花来说,日蒸腾量和 MDS 呈现出较好的正相关性,即在一定的土壤含水量范围,蒸腾耗水越多则 MDS 越大;对 TO 处理、TI 处理的 RV 的均值进行 t 检验,表明 60% 的土壤相对含水量为两处理RV 产生差异的临界值,低于这个临界值,RV 的差异会越来越大;而40% 的土壤相对含水量为其 MDS 能够响应有效辐射变化的最低值,低于这个最低值,其 MDS 就有可能因茎秆内水分过分疏干而得不到补充,失去对有效辐射变化的响应。在 TI 处理棉花的整个蒸腾过程中,气孔导度尽管与 MDS 的相关性并不好,但这不能否认棉花每天的气孔调节对茎直径变化的作用。

参 考 文 献

[1] 李粉茹. 水分胁迫对棉花叶片的影响[J]. 农业与技术,2005,25(6): 61-63.

[2] 姚满生,杨小环,郭平毅. 脱落酸与水分胁迫下棉花幼苗水分关系及保护性酶活性的影响[J]. 棉花学报,2005,17(3):141-145.

[3] SO H B. An analysis of the relationship between stem diameter and leaf water potentials[J]. Agronomy Journal,1979(71):675-679.

[4] NAMKEN L N, BARTHOLIC J F, RUNKLES J R. Monitoring cotton plant stem radius as an indication of water stress[J]. Agronomy Journal, 1969 (61):891-893.

[5] KLEPPER B, BROWNING V D, TAYLOR H M. Stem diameter in relation to plant water status[J]. Plant Physiol,1971(48):683-685.

[6] 孟兆江,段爱旺,刘祖贵,等. 辣椒植株茎直径微变化与作物体内水分状况的关系[J]. 中国农村水利水电,2004(2):28-30.

[7] 张寄阳,段爱旺,孟兆江,等. 基于茎直径微变化的棉花适宜灌溉指标初步

研究[J]. 农业工程学报,2006(12):86-89.

[8] 雷水玲,孙忠富,雷廷武.温室内作物茎秆直径变化对基质含水率的响应[J]. 农业工程学报,2005,21(7):116-119.

[9] 段爱旺,孙景生,刘钰,等.北方地区主要农作物灌溉用水定额[M].北京:中国农业科学技术出版社,2004.

[10] 李合生,夏凯,王学奎,等. 现代植物生理学[M].北京:高等教育出版社,2006.

[11] GALLARDO M, THOMPSON R B, VALDEZ L C. Use of stem diameter variations to detect plant water stress in tomato[J]. Irrigation Science, 2006,(24):241-255.

[12] 孟兆江,段爱旺,刘祖贵,等.温室茄子茎直径微变化与作物水分状况的关系[J].生态学报,2006(8):2516-2522.

第十一章　棉花不同生育期淹水历时对其生长状况、产量和品质的影响

在我国黄淮地区,麦茬棉种植范围较广,其生育期基本上在6月中旬至10月上旬,正值当地的雨季,由暴雨引起的洪涝灾害时有发生,引起棉花减产甚至是绝收,给当地的农业发展及农民增收带来较大的损失。

棉花是一种耐涝性差的作物,淹水天数、淹水深度和淹水生育期对其生长发育、生理代谢、产量和品质均有影响。有研究表明,棉花蕾期和花铃期遭遇涝渍胁迫会显著抑制棉花形态生长,叶面积生长受涝渍胁迫的抑制作用最大,其次是茎粗和株高。在产量方面,随着涝渍天数的增加,棉花果位会增高,总果节数减少,铃数与单铃重下降,脱落率和烂铃率提高,且淹水时间越长,减产幅度越大。在生理代谢方面,涝渍会影响棉铃蔗糖外运,改变棉铃生物量累积特性,是棉铃生物量降低的原因;涝渍还会导致棉花叶绿素含量、PSⅡ最大光化学量子产量和潜在光化学转换效率下降,叶片光合速率、可溶性蛋白降低,而可溶性糖、可溶性蛋白均升高;净光合速率、丙二醛含量可作为关键性生理指标用于监测棉花渍水后恢复水平,从而指导棉花抗逆栽培。在纤维品质方面,涝渍会导致棉花纤维长度减小,比强度降低,整齐度下降,衣分、子指、衣指降低等,但也有研究发现涝渍对棉花品质没有影响。在涝渍关键生育期方面,棉花花铃期遭受涝渍综合胁迫会导致其显著减产,蕾期次之,而吐絮期内减产作用较小。在灾后恢复方面,淹水后棉花根的恢复比冠的恢复要快,蕾期根从被氧化中的还原比花铃期要快。此外,还有研究发现涝渍胁迫与大气温湿度共同对棉花产生影响;淹水能导致土壤内

营养元素的下降,造成养分胁迫等。纵观目前国内外已有的一些研究成果,虽在揭示涝渍灾害对棉花的影响机制方面较为深入,但大多只针对棉花某个生育阶段,缺少对棉花不同生育期、不同淹水历时的系统研究。针对此研究现状,本次试验挑选棉花苗期、蕾期、花铃期和吐絮期四个生育期进行,系统研究不同生育阶段、不同淹水历时对棉花生长状况、产量和品质的影响,希望此研究成果能为黄淮地区麦茬棉生产提供参考。

第一节　材料与方法介绍

一、试验材料

试验于 2014 年 6~9 月在中国农业科学院农田灌溉研究所启闭式防雨棚下进行。试验地位于河南省新乡市境内(35°19′N,113°53′E),海拔 73.2 m,多年平均气温 14.1 ℃,无霜期 213~241 d,日照时数 2 200~2 400 h。试验土质为沙壤土,土壤密度为 1.38 g/cm³,田间持水量为 24%(占干土重百分比)。

本次试验采用桶栽土培法,所用测桶为圆柱形,分内桶和外桶,内桶直径 40 cm,外桶直径 41 cm,深均为 60 cm,有底。内桶置于外桶内埋于地下,上沿与地面齐平。装土时每桶装干土 28.23 kg,施入三元复合肥(N、P_2O_5 和 K_2O 的含量均为 17%)11 g 作为底肥,并与干土混合均匀。在桶的两侧预置直径为 5 cm 的 PP 管,长度略高于桶深,在管的周围插有小孔,灌水时水从 PP 管管内灌入,通过小孔进入桶内用于均匀灌水。在内桶底部四周均匀钻取直径 1 cm 的小孔 4 个,平时用软木塞封堵,在淹水试验结束时打开软木塞将桶内渍水放出。淹水试验期间,参与测试的测桶内始终保持 5 cm 左右水层。棉苗采用基质育苗,供试品种为中棉所 50,于 6 月 15 日三叶期选择长势一致的壮苗移栽测桶中,每桶 1 株。在棉花开花期每桶追施尿素(含 N 46%)、硫酸钾(含 K_2O 46%)各 2 g。

二、试验处理与设计

本次试验采用随机区组设计,设置生育期和淹水历时 2 个因素。生育期分为苗期、蕾期、花铃期和吐絮期 4 个;各生育期淹水历时共设 2 d、4 d、6 d、8 d 和 10 d 5 个水平,各处理组合的编号如表 11-1 所示。各生育期淹水试验开始的时间分别为 6 月 30 日、

表 11-1　棉花淹水试验处理编号

生育期	淹水历时/d	处理编号
苗期	2	S2
	4	S4
	6	S6
	8	S8
	10	S10
蕾期	2	B2
	4	B4
	6	B6
	8	B8
	10	B10
花铃期	2	F2
	4	F4
	6	F6
	8	F8
	10	F10
吐絮期	2	T2
	4	T4
	6	T6
	8	T8
	10	T10

7月15日、8月12日和9月5日。淹水试验开始时首先进行淹水
10 d的处理,2 d后进行淹水8 d的处理,然后依次类推直至淹水2
d的处理,此做法可以保证各试验水平有相同的结束时间,以便后
续的生理指标测定。不同处理组合共有20组,每个处理3次重复,
另设不淹水的处理作为对照(CK),10次重复,本次试验共计使用桶
栽棉花70株。CK按灌水下限控制土壤水分,当土壤水分降至75%
FC时灌水至FC,其余各处理在不进行淹水试验时均按CK控制土
壤水分。其余栽培措施均按大田高产棉花标准进行。

三、测试项目与方法

(1)土壤含水量:采用整桶称重法测定棉花土壤含水量,每日测
定1次,时间均为08:00。

(2)土壤水分控制:对于CK和不参加淹水试验的棉花设定灌
水下限为75%FC,当低于75%FC时灌水至FC;对于参加淹水试验
的棉花测桶,试验期间保持桶内有5 cm的淹水水层,量杯加水计
量。棉花花铃期桶栽淹水试验如图11-1所示。

图11-1　棉花花铃期桶栽淹水试验

(3)株高和叶面积:在棉花各生育期淹水试验结束后,利用直尺
和钢板尺调查不同淹水历时对棉花株高、叶面积的影响。叶面积=
长×宽×0.75。各生育期调查时间分别为:苗期为7月10日、蕾期为

7 月 25 日、花铃期为 8 月 22 日、吐絮期为 9 月 15 日;在 9 月 17 日、18 日重新测定了苗期、蕾期、花铃期各淹水处理吐絮期时的株高和叶面积。

(4)叶绿素的相对含量(SPAD 值):选取棉花植株倒四主茎叶采用 SPAD-502 叶绿素仪测定,每个处理设 3 次重复。测试生育期为蕾期和花铃期,测试时间与该生育期株高叶面积测试时间相同。

(5)光合速率:选取棉花植株倒四主茎叶采用 Li-6400 光合仪测定,每个处理设 3 次重复,与 SPAD 值同步测定,如图 11-2 所示。

图 11-2　棉花光合速率测定

(6)棉花生长调查:收获前调查处理与对照棉花果枝数、节数、铃数、单铃重等指标。

(7)棉花地上部、地下部干重:棉花收获后采集棉花地上部及地下部生物量,先在 105 ℃下杀青 0.5 h,然后在 80 ℃下烘至恒重。

(8)棉花考种测产:在收获期将棉花按单株采收,测定籽棉产量、衣分。

(9)棉花品质指标:委托农业部棉花品质监督检验测试中心测定 8 项棉花品质指标,主要包括:上半部平均长度、整齐度指数、马克隆值、伸长率、反射率、黄度、纺纱均匀性和断裂比强度。

第二节　棉花不同生育期淹水处理
对其株高与叶面积的影响

　　棉花不同生育期淹水处理的株高与叶面积如图 11-3 所示。通过分析可以看出,苗期各淹水处理 S2、S4、S6、S8 和 S10 的株高分别比 CK 下降了 4.96%、2.34%、12.77%、20.59% 和 24.41%,叶面积分别比 CK 下降了 1.64%、3.27%、4.18%、25.45% 和 29.09%。蕾期各淹水处理 B2、B4、B6、B8 和 B10 的株高分别比 CK 下降了 1.86%、2.78%、7.42%、29.64% 和 31.50%,叶面积分别比 CK 下降了 0.81%、3.22%、8.72%、26.17% 和 30.20%。花铃期各淹水处理 F2、F4、F6、F8 和 F10 的株高分别比 CK 下降了 0.84%、1.52%、6.07%、23.64% 和 24.55%,叶面积分别比 CK 下降了 2.57%、3.17%、4.19%、35.73% 和 40.02%。吐絮期各淹水处理株高比 CK 下降的趋势并不明显,但各淹水处理 T2、T4、T6、T8 和 T10 的叶面积分别比 CK 下降了 2.68%、3.85%、4.53%、7.28% 和 9.34%。从以上数据可以看出,棉花不同生育期淹水处理均会对其形态生长产生影响,且淹水历时越长株高和叶面积生长越缓慢。苗期、蕾期、花铃期均为淹水 6 d 后株高和叶面积与 CK 差异达显著水平($p<0.05$),而淹水 2~4 d 处理株高和叶面积与 CK 相比虽有下降但差异未达显著水平。其中,蕾期淹水 10 d 处理 B10 株高下降幅度最大,达到 31.50%;花铃期淹水 10 d 处理叶面积减小幅度最大,达到 40.02%。吐絮期淹水对棉花株高没有影响,但淹水 10 d 后叶面积开始显著小于 CK 叶面积($p<0.05$)。

　　各淹水处理棉花吐絮期时的株高、叶面积对比如图 11-4 所示。从图 11-4 中可以看出,各生育期淹水处理过的棉花虽都具有一定的补偿生长能力,但淹水生育期和淹水历时不同,其补偿生长的能

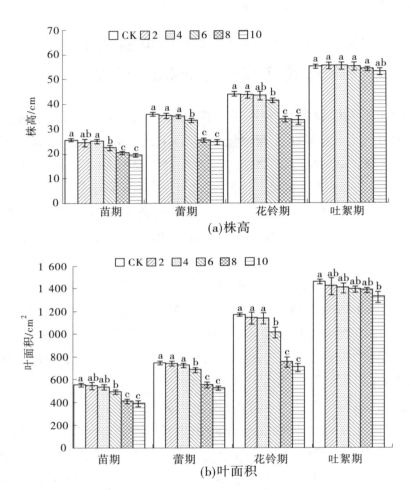

图 11-3　棉花不同生育期淹水处理的株高与叶面积

力也是不同的。对于苗期各淹水处理,淹水 2~6 d 处理的株高和叶面积均能在吐絮期时恢复至与 CK 无显著差异水平;但淹水 8 d 以上的处理 S8 和 S10,其株高和叶面积在吐絮期时仍显著小于 CK ($p<0.05$)。对于蕾期各淹水处理,淹水 2~4 d 处理的株高和叶面积到吐絮期时亦能恢复至与 CK 无显著差异水平;但淹水超过 6 d 的处理 B6、B8 和 B10,其株高和叶面积在吐絮期时仍显著小于 CK($p<$

0.05）。对于花铃期各淹水处理,其株高和叶面积均显著低于 CK($p<$
0.05)。经过排序,各淹水处理与 CK 株高和叶面积由大到小的排列
顺序分别为:T2>T4>CK = T6>S2>S4 = B2 = T8>S6 = B4>T10>S8>S10
B6 = B8>B10>F4>F2>F6>F8>F10;CK>S2 = B4>S4>B2>T2>S6 = T4>
T6>T8>B6>T10>S8>S10>B8>B10>F2>F4>F6>F8>F10。

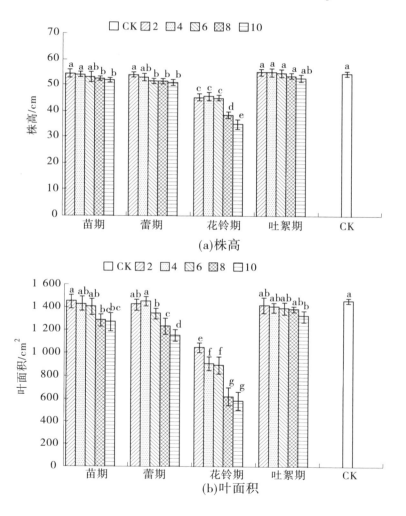

(a)株高

(b)叶面积

图 11-4　棉花不同生育期淹水处理吐絮期的株高与叶面积

由以上分析可以看出,在棉花生育前期(如苗期和蕾期)的补偿生长能力较强,虽经历短期淹水,但如果排涝及时,其株高、叶面积到吐絮期时仍可恢复至 CK 水平;但这种补偿生长能力会随着生育期的推进而变差,在花铃期即使短期淹水也能导致其株高、叶面积无法恢复至 CK 水平。

第三节　棉花淹水处理对其 SPAD 值及光合速率的影响

棉花蕾期和花铃期各淹水处理 SPAD 值和光合速率如图 11-5 所示。从图 11-5 中可以看出,棉花蕾期和花铃期 SPAD 值和光合速率均随淹水天数的增加而下降,淹水后 4 d 处理数值开始显著小于 CK 数值($p<0.05$)。叶绿素在光合作用中起核心作用,它的减少使棉花光能转化为化学能的效率降低,从而抑制光合速率,降低有机物合成总量,最终导致棉株生物量的下降,这与以往的一些研究结论是一致的。本次研究还发现无论 SPAD 值,还是光合速率棉花花铃期数值均大于蕾期数值。

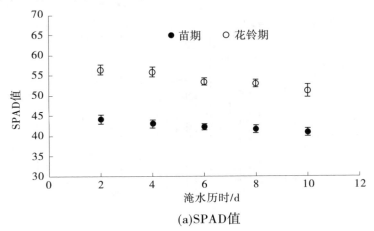

(a)SPAD值

图 11-5　棉花蕾期和花铃期各淹水处理 SPAD 值和光合速率

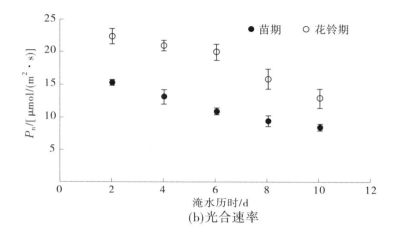

(b)光合速率

续图 11-5

第四节　棉花不同生育期淹水处理
对其产量及品质的影响

　　棉花不同生育期淹水处理对其产量及干物质构成的影响如表 11-2 所示。不同生育期淹水处理的棉花果枝数和节数均随淹水历时的增加而减少,与 CK 相比,花铃期淹水处理的果枝数和节数减少最为明显,其次为蕾期,再次为苗期,而吐絮期淹水几乎对其果枝数和节数没有影响。这表明花铃期和蕾期是棉花生长的关键生育期,此生育期遭遇涝渍灾害将严重影响棉花的果枝发育。在棉花苗期,4 d 内的短期淹水如果排涝及时不会对棉花后续果枝生长带来重大影响,但淹水超过 6 d 仍会使其果枝数显著下降($p < 0.05$)。在棉花吐絮期,自身营养生长已基本完成,该生育期淹水对其果枝数和节数几乎没有影响。

棉花不同生育期淹水处理对其花铃数和单铃重的影响如表 11-2 所示,各生育期淹水处理棉花的花铃数和单铃重均随淹水历时的增加而减少。对于花铃数,苗期和吐絮期均为淹水 6 d 后处理开始显著小于 CK 水平($p<0.05$);蕾期则为淹水 4 d 后处理开始显著小于 CK 水平($p<0.05$);花铃期即使淹水 2 d 其花铃数也会显著地小于 CK 水平($p<0.05$)。对于单铃重,苗期和蕾期均为淹水 6 d 后处理开始显著小于 CK 水平($p<0.05$),而花铃期则只需淹水 2 d 其单铃重便显著小于 CK 水平($p<0.05$),吐絮期则为淹水 8 d 后其单铃重才会显著小于 CK 水平($p<0.05$)。本次试验淹水处理和 CK 的花铃数及单铃重由大到小的排列顺序分别为:CK = T2>S2 = T4>S4>T6>S6 = B2>B4>B6>T8>T10>B8>S8>F2>S10>F6>B10>F4>F8>F10;CK = T2 = S4>S2 = B2 = T4>B4 = B6 = T6>S6>T8>S8 = F2 = T10>B8 = F4>S10>F6>B10>F8>F10。

花铃数和单铃重是衡量棉花产量高低的两个重要指标,它们的下降必然会导致棉花籽棉产量的减产歉收。棉花淹水各处理与 CK 籽棉产量如表 11-2 所示,苗期和吐絮期为淹水 6 d 后处理产量开始显著小于 CK 水平($p<0.05$),蕾期为淹水 4 d 后处理产量开始显著小于 CK 水平($p<0.05$),而花铃期则为淹水 2 d 后处理产量便开始显著小于 CK 水平($p<0.05$)。棉花苗期各淹水处理的平均减产率为 7.3%,蕾期各淹水处理的平均减产率为 12.9%,花铃期各淹水处理的平均减产率为 28.0%,棉花吐絮期各淹水处理的平均减产率为 2.9%。各淹水处理中减产最高的为花铃期淹水 10 d 的处理,达到了 38.8%。各淹水处理和 CK 棉花产量由大到小的排列顺序为:CK = T2>S2 = S4 = T4>T6>B4>S6>B2>T8>T10>B6>S8>F2>S10>B8>F4>F6>B10>F8>F10。

表 11-2 棉花不同生育期不同淹水历时条件下的产量构成、减产率、干物质和根冠比

生育期	淹水历时/d	果枝数	节数	花铃数	单铃重/g	籽棉产量/g	减产率/%	地上部干重/g	根干重/g	根冠比
苗期	2	15.0 ab	28.7 ab	11.0 ab	4.5 ab	41.8 ab	0.5	23.8 ab	6.3 ab	0.26
	4	14.5 ab	28.0 ab	10.6 ab	4.6 a	41.8 ab	0.5	22.7 bc	5.6 cd	0.25
	6	14.0 bc	26.0 bc	10.0 bc	4.0 bc	40.0 bc	4.8	22.5 bc	5.3 de	0.24
	8	11.5 ef	25.0 bc	8.5 cd	4.0 bc	36.5 cd	13.1	20.6 cd	4.6 ef	0.22
	10	10.0 gh	23.0 cd	8.0 cd	3.8 cd	34.3 cd	18.3	19.1 cd	4.1 fg	0.21
蕾期	2	13.0 cd	26.5 bc	10.3 ab	4.5 ab	40.2 ab	4.3	23.2 ab	6.0 bc	0.26
	4	12.7 cd	26.3 bc	10.0 bc	4.4 ab	40.0 bc	4.8	21.2 bc	5.5 cd	0.26
	6	12.3 de	25.8 bc	9.9 bc	4.0 bc	38.5 bc	8.3	21.7 bc	5.0 de	0.23
	8	10.5 fg	23.7 cd	8.8 cd	3.9 bc	33.5 cd	20.2	19.4 cd	4.7 ef	0.24
	10	9.8 h	22.5 de	7.5 de	3.6 cd	30.3 e	27.9	18.6 cd	4.3 fg	0.23
花铃期	2	12.0 de	25.5 bc	8.3 cd	4.0 bc	36.0 cd	14.3	20.5 cd	4.5 ef	0.22
	4	11.5 ef	24.5 cd	7.3 de	3.9 bc	32.3 de	23.1	16.2 d	4.2 fg	0.26
	6	10.5 fg	24.0 cd	7.6 de	3.7 cd	30.8 de	26.7	16.0 d	4.0 fg	0.25
	8	8.5 i	19.5 ef	5.5 ef	3.4 de	26.5 f	36.9	12.6 e	3.0 h	0.24
	10	8.3 i	19.0 f	4.0 f	3.2 e	25.7 f	38.8	12.4 e	2.6 h	0.21
吐絮期	2	15.5 a	29.0 a	11.2 a	4.6 a	42.0 a	0	26.4 a	6.5 a	0.25
	4	15.0 ab	28.7 ab	11.0 ab	4.5 ab	41.8 ab	0.5	24.6 ab	6.4 ab	0.26
	6	15.0 ab	28.7 ab	10.0 bc	4.4 ab	40.0 bc	4.8	23.8 ab	6.3 ab	0.26
	8	14.5 ab	28.5 ab	9.7 bc	4.0 bc	40.0 bc	4.8	24.8 ab	5.4 de	0.22
	10	14.5 ab	28.5 ab	9.5 bc	4.0 bc	38.8 bc	7.6	20.8 cd	4.4 fg	0.21
CK		14.5 ab	28.5 ab	11.2 a	4.6 a	42.0 a	0	24.1 ab	6.5 a	0.27

注:同列数据后不同小写字母表示 $p<0.05$ 水平下差异显著。

　　淹水不仅会导致棉花减产,还会对其地上部及地下部干物质积累产生重要影响,具体结果如表 11-2 所示。本次研究表明,各淹水处理棉花无论是地上部茎秆、叶和壳干重还是地下部根干重均随淹水历时的增加而减小。与 CK 相比,花铃期各淹水处理干物质重减小幅度最大,其次为蕾期,再次为苗期,而淹水对棉花吐絮期干物质重影响最小。与 CK 相比,各淹水处理棉花的根冠比均有所下降,且淹水历时越长其根冠比下降的幅度越大。

　　棉花不同生育期淹水处理对其品质指标的影响较为复杂,结果如表 11-3 所示。在蕾期、花铃期和吐絮期,上半部平均长度、整齐度指数、马克隆值、伸长率、黄度和衣分基本上随淹水历时的增加而减小,反射率、纺纱均匀性和断裂比强度则随淹水历时的增加逐渐变大。在诸生育期中,花铃期淹水对这些品质指标的影响最大,苗期淹水对这些品质指标的影响最小。

第五节　结论与讨论

　　本次研究发现,棉花涝渍会导致其形态及产量指标的下降,且淹水历时越长,下降幅度越大。就生育期而言,花铃期淹水对其影响最大,其次为蕾期,再次是苗期,最后为吐絮期。原因是花铃期为棉花营养生长和生殖生长的关键生育期,此生育期遭遇涝渍胁迫将会严重限制棉花的形态生长和产量形成;而在棉花吐絮期其营养生长和生殖生长已基本结束,涝渍胁迫对此时的棉花形态、产量影响很小。此外,棉花的这种减产作用主要是由花铃数和单铃重的下降造成的,而花铃数的下降则主要是棉铃的脱落和烂铃的增加造成的。

　　以往研究表明,棉株自身具有完整的适应保护机制,当遭受淹水胁迫后可以通过启动逃避机制、静止适应机制和再生调节补偿机制来适应淹水胁迫、减少涝渍损害。本次研究表明,棉花在苗期淹

表11-3 棉花不同生育期淹水处理对其品质指标的影响

生育期	淹水历时/d	上半部平均长度/mm	整齐度指数/%	马克隆值	伸长率/%	反射率/%	黄度	纺纱均匀性	断裂比强度/(cN/tex)	衣分/%
苗期	2	27.40 ab	82.50 ab	4.55 cd	6.40 bc	74.20 c	8.30 ab	118.00 ab	27.25 ab	43 bc
	4	27.61 ab	82.90 ab	5.22 ab	6.90 a	75.10 bc	8.30 ab	120.00 ab	27.30 ab	42 bc
	6	28.15 ab	83.80 a	5.30 ab	7.00 a	75.40 ab	8.20 ab	124.00 a	27.50 ab	41 bc
	8	28.39 a	83.40 ab	5.34 ab	7.00 a	75.70 ab	7.70 bc	120.00 ab	27.93 ab	41 bc
	10	27.36 ab	83.00 ab	4.80 bc	6.90 a	76.01 a	7.80 ab	111.00 ab	27.90 ab	39 c
蕾期	2	27.43 ab	82.50 ab	5.29 ab	6.28 bc	74.50 bc	8.60 ab	107.00 bc	27.15 ab	44 ab
	4	27.33 ab	82.30 ab	4.78 bc	6.30 bc	75.20 ab	8.70 a	112.00 ab	28.22 ab	44 ab
	6	27.23 ab	82.10 ab	4.56 cd	6.30 bc	75.40 ab	8.60 ab	116.00 ab	28.28 ab	44 ab
	8	27.20 ab	81.90 bc	4.34 cd	6.30 bc	75.50 ab	7.90 ab	116.00 ab	28.32 a	43 bc
	10	27.12 ab	81.70 bc	4.18 d	5.70 e	75.90 ab	7.30 c	118.00 ab	28.32 a	41 bc
花铃期	2	26.52 bc	82.30 ab	5.41 ab	6.15 cd	74.50 bc	8.30 ab	92.00 c	25.97 c	46 a
	4	26.18 bc	81.80 bc	5.35 ab	6.15 cd	75.10 bc	8.30 ab	95.00 c	26.24 bc	46 a
	6	25.55 cd	81.50 bc	5.11 bc	6.10 cd	75.50 ab	7.90 ab	100.00 bc	26.66 bc	46 a
	8	25.08 cd	81.00 bc	5.24 ab	6.00 cd	75.60 ab	7.90 ab	113.00 ab	27.83 ab	45 ab
	10	24.84 d	80.90 cd	4.76 bc	6.00 cd	75.70 ab	7.50 bc	117.00 ab	27.83 ab	43 bc
吐絮期	2	26.07 bc	82.20 ab	5.42 a	6.40 bc	74.30 bc	8.40 ab	97.00 c	26.46 bc	45 ab
	4	25.95 cd	81.80 bc	5.24 ab	6.40 bc	74.50 bc	8.30 ab	97.00 c	26.55 bc	46 a
	6	25.90 cd	81.40 bc	5.03 bc	6.30 bc	74.70 bc	8.10 ab	98.00 c	26.75 bc	44 ab
	8	25.29 cd	80.80 cd	4.99 bc	6.10 cd	75.20 ab	8.10 ab	100.00 bc	27.12 ab	44 ab
	10	25.08 cd	80.20 d	4.89 bc	6.00 de	75.80 ab	8.10 ab	109.00 bc	27.73 ab	45 ab
CK		27.48 ab	82.90 ab	4.48 cd	6.20 bc	74.30 bc	8.20 ab	117.00 ab	27.34 ab	46 a

水后表现出较强的再生调节补偿能力,当淹水历时不超过 6 d 时,涝渍虽对当时的棉花形态带来较大的影响,但通过生长补偿机制仍可恢复到与 CK 形态无显著差异水平,其花铃数、单铃重和籽棉产量无显著下降;但当淹水历时超过 6 d 后这种生长补偿机制无法完全弥补涝渍对其生长发育带来的伤害,其形态、产量指标均会显著小于CK 水平。此外,棉花的这种生长补偿机制会随着生育期的推进逐渐变差。蕾期不减产的最大淹水的时间为 4 d,超过 4 d 后同样导致其形态、产量指标的显著下降。在花铃期即使遭受 2 d 的涝渍胁迫也会使其形态产量指标无法恢复至 CK 水平。对此有专家指出新生叶片在渍水处理后较容易恢复,而定型功能叶恢复难度较大,前期涝渍胁迫解除后各叶片的恢复能力较后期涝渍胁迫解除后各叶片的恢复能力强。此外,棉花花铃期正值当地一年温度最高时期,不排除其受到涝后高温的双重胁迫导致其减产幅度大增。

　　棉花不同生育期淹水处理会导致其形态指标及产量构成的下降,SPAD 值和光合速率的降低,且淹水历时越长,下降幅度越大。棉花对淹水表现最为敏感的生育期为花铃期,其次是蕾期,再次是苗期,最后是吐絮期。此外,淹水还会导致上半部平均长度、整齐度指数、马克隆值、伸长率、黄度和衣分等品质指标的下降。在棉花苗期,当淹水不超过 6 d 时,如果排涝及时,其形态及产量指标均能在吐絮期恢复至 CK 水平,在蕾期这个时间为 4 d,而在花铃期即使淹水 2 d 也可导致其形态发育停滞,产量无法恢复至 CK 水平。这就要求平时要加强对黄淮海地区夏季棉田管理,当洪涝灾害发生时要除涝降渍控制地下水位,争取将经济损失降到最小水平。

参 考 文 献

[1] 李磊,蒯婕,刘昭伟,等. 花铃期短期土壤渍水对土壤肥力和棉花生长的影响[J]. 水土保持学报,2013, 27(6):162-171.

[2] 李乐农,彭克勤,孙福增,等. 洪涝对棉花产量及其品质的影响[J]. 作物

学报,1999,25(1):109-115.

[3] 杨长琴,刘敬然,张国伟,等. 花铃期干旱和渍水对棉铃碳水化合物含量
　　 的影响及其与棉铃生物量累积的关系[J]. 应用生态学报,2014,25(8):
　　 2251-2258.

[4] 张文英,朱建强,欧光华,等. 花铃期涝渍胁迫对棉花农艺性状、经济性状
　　 的影响[J]. 中国棉花,2001,28(9):14-16.

[5] 宋学贞,杨国政,罗振,等. 花铃期淹水对棉花生长、生理和产量的影响
　　 [J]. 中国棉花,2012,39(9):5-8.

[6] 杨威,朱建强,吴启侠,等. 涝害和高温下棉花苗期的生长生理代谢特征
　　 [J]. 农业工程学报,2015,31(22):98-104.

[7] 钱龙,王修贵,罗文兵,等. 涝渍胁迫对棉花形态与产量的影响[J].
　　 2015,46(10):136-143,166.

[8] 朱建强,李靖. 涝渍胁迫与大气温、湿度对棉花产量的影响分析[J]. 农业
　　 工程学报,2007,23(1):13-18.

[9] 张艳军,董合忠. 棉花对淹水胁迫的适应机制[J]. 棉花学报,2015,27
　　 (1):80-88.

[10] 徐道青,郑曙峰,王维,等. 棉花涝害胁迫研究综述[J]. 中国农学通报,
　　 2014,30(27):1-4.

[11] 刘凯文,苏荣瑞,朱建强,等. 棉花苗期叶片关键生理指标对涝渍胁迫的
　　 响应[J]. 中国农业气象,2012,33(3):442-447.

[12] 胡江龙,郭林涛,王友华,等. 棉花渍害恢复的生理指示指标探讨[J].
　　 中国农业科学,2013,46(21):4446-4453.

[13] 杨云,刘瑞显,张培通,等. 阶段性涝渍后棉花叶片几个生理指标的恢复
　　 [J]. 江苏农业学报,2011,27(3):475-480.

[14] 张培通,徐立华,杨长琴,等. 涝渍对棉花产量及其构成的影响[J]. 江苏
　　 农业学报,2008,24(6):785-791.

[15] 朱建强,欧光华,张文英,等. 涝渍相随对棉花产量与品质的影响[J].
　　 中国农业科学,2003, 36(9) : 1050-1056.

[16] KUAI J, LIU Z W, WANG Y H, et al. Waterlogging during flowering and
　　 boll forming stages affects sucrose metabolism in the leaves subtending the

cotton boll and its relationship with boll weight[J]. Plant Science, 2014, 223 :79-98.

[17] BANGE M P, MILROY S P, THONGBAI P. Growth and yield of cotton in response to waterlogging[J]. Field Crops Research, 2004(88): 129-142.

[18] LIU R X, YANG C Q, ZHANG G W, et al. Root recovery development and activity of cotton plants after waterlogging[J]. Agronomy Journal, 2015, 107: 2038-2046.

[19] MEYER W S, REICOSKY D C, BARRS H D, et al. Physiological responses of cotton to a single waterlogging at high and low N-levels[J]. Plant and Soil, 102: 161-170.

[20] HOCKING P J, REICOSKY D C, MEYER W S. Effects of intermittent waterlogging on the mineral nutrition of cotton[J]. Plant and Soil, 101(2):211-221.

[21] MILROY S P, BANGE M P, THONGBAI P. Cotton leaf nutrient concentrations in response to waterlogging under field conditions[J]. Field Crops Research,2009,113(3):246-255.